U0056302

綠色經濟學
碳中和

從減碳技術創新到產業與能源轉型，
掌握零碳趨勢下的新商機

前田雄大／著　EnergyShift／監修
童小芳／譯

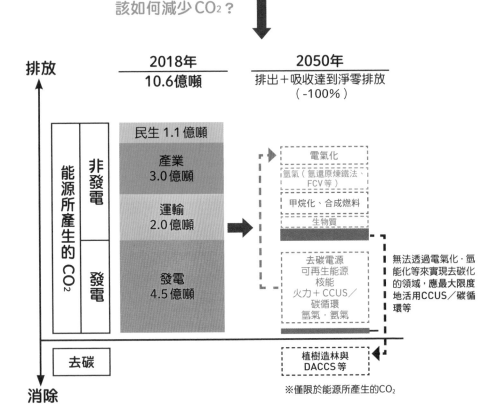

發電時所排出的CO$_2$	非發電時所排出的CO$_2$
利用石油或煤炭等化石燃料來進行火力發電時所排出的CO$_2$	汽車、船舶或飛機等消耗燃料或是製造化學品等時候所排出的CO$_2$

2018 年，發電與非發電合計一共排出
10.6 億噸

日本政府已經發表碳中和宣言，
預計於 2050 年之前實現淨零排放

該如何減少CO$_2$？

排放

2018年	2050年
10.6億噸	排出＋吸收達到淨零排放（-100％）

能源所產生的 CO$_2$

非發電
- 民生 1.1 億噸
- 產業 3.0 億噸
- 運輸 2.0 億噸

發電
- 發電 4.5 億噸

電氣化
氫氣（氫還原煉鐵法、FCV 等）
甲烷化、合成燃料
生物質

去碳電源
可再生能源
核能
火力＋CCUS／碳循環
氫氣·氨氣

無法透過電氣化·氫能化等來實現去碳化的領域，應最大限度地活用CCUS／碳循環等

去碳

植樹造林與
DACCS 等

消除

※僅限於能源所產生的CO$_2$

各領域面臨的課題

電力

發電

可再生能源
擴大導入量、克服系統的制約、降低成本、與周邊環境和諧相融

核能
重啟並以安全為第一優先、追求安全等方面皆出色的反應爐、持續恢復大眾信心

火力＋CCUS／碳循環
確立 CO_2 回收技術、擴大回收的 CO_2 用途、開發適合發展 CCS 之處、降低成本

氫能發電
開發純氫能發電的技術、整備氫能的基礎設施

氨氣發電
提高氨氣的混燒率、開發純氨能發電的技術

工廠與企業等

熱能・燃料

電氣化
降低產業專用熱泵等設備的成本、確保技術人員、應用至更廣泛的溫度範圍

生物質的活用
利用製造紙漿過程中所產生的廢水與廢材作為鍋爐的燃料、並擴大其應用範圍以降低燃料成本

氫能化
利用氫氣作為鍋爐的燃料、並擴大燃氫技術的應用範圍以降低設備成本、確保技術人員、整備氫能的基礎設施

甲烷化
開發技術以達成甲烷化設備的大型化

氨氣化
開發用以提高火焰溫度的燃氨技術等

製造程序（鋼鐵・混凝土・化學品）

氫還原煉鐵法
為了利用氫氣達到還原，須克服氫氣所引發的吸熱反應、提供低價且大量的氫氣

吸碳型混凝土
開發具有防鏽效果的吸碳型混凝土並擴大其用途、透過擴大規模來降低成本、開發活用 CO_2 水泥原料的關鍵技術、開發從迴轉窯中回收 CO_2 的技術

人工光合作用
研究開發可提高轉換效率的光觸媒等、擴大規模以降低成本

汽車・公車・貨車等

燃料

EV
擴充車種、降低設備成本、整備充電的基礎設施、縮短充電時間等

FCV
擴充車種、降低設備成本、整備氫能設施等

合成燃料
開發能實現大量生產並降低成本的製造方式等技術

船舶・飛機・鐵路等

燃料

生質燃料／合成燃料
開發能實現大量生產並降低成本的製造方式等技術

氫能化
確立燃料電池船與燃料電池電車的製造技術、整備基礎設施

氨燃料
確立氨燃料船的製造技術

家庭與住宅等

熱能・燃料

電氣化
降低用以普及 EcoCute 或全面電氣化住宅等的設備成本

氫能化
擴大導入氫燃料電池、降低設備成本、整備氫能的基礎設施

甲烷化
開發技術以達成甲烷化設備的大型化

去碳

DACCS、BECCS 等

DACCS
將大氣中的 CO_2 回收並儲存於地底的技術。可減少能源消耗量並降低成本

BECCS
將使用生質燃料時所排出的 CO_2 回收並儲存的技術。克服生物質用量上的限制

來源：根據日本資源能源廳的「何謂『碳中和』？（後篇）～為什麼日本志在實現碳中和？」編製而成

太陽能發電

太陽能發電是一種將太陽的光能轉化為電力，之後再由太陽能電池來發電的方式。因為利用的是陽光，所以能量來源是半永久性的，不會耗盡，但是發電量會受到天候影響是其特徵。

風力發電

風力發電是一種利用風力的發電方式，透過轉動名為渦輪葉片的機翼部分來發電。可大致分為兩大類，分別是建設於地面的陸上風力發電，以及建設於海洋或湖泊等處的離岸風力發電。

水力發電

水力發電是一種利用蓄積於高處的水往低處落下時所產生的力量（位能）來轉動水車，再藉與水車相連的發電機來發電的發電方式。

地熱發電

地熱發電是一種利用地底岩漿的發電方式。其利用的高溫蒸氣是滲透地面的雨水被地底岩漿加熱後所產生的。提取位於地下 1,000～3,000m 附近的蒸氣，轉動渦輪機來發電。

生物質發電

生物質發電是一種利用從動植物中生成而可再生利用的資源來產生電力的發電方式。是以自然界生成的產物作為燃料，但是在燃燒燃料時會排放 CO_2，所以也有人批評此方法並不能達到碳中和。

Contents

Part

1

為何會備受矚目？

碳中和即將改變
經濟與社會的結構 11

Part

2

日本與世界各國的現狀

日本與世界邁向碳中和
所採取的行動 35

Part

3

利用可再生能源的去碳化對策

能源產業將因碳中和
而產生變革

Part

1

為何會備受矚目？

碳中和即將改變
經濟與社會的結構

何謂碳中和（carbon neutral）？

　　carbon neutral直譯即為「碳中和」。在全球性氣候變遷中，**二氧化碳（CO_2）排放量增加已然成為一大問題**，而其增加的主要原因在於石油與煤炭等化石燃料的使用。化石燃料經由燃燒可獲得能量，但是化石燃料中的碳（carbon）在燃燒過程中會與大氣中的氧氣結合，形成CO_2並排入大氣之中。這些碳原本是封存於地底，卻釋放至大氣而導致大氣中的CO_2增加。**CO_2是主要的溫室氣體**，所以全世界都將CO_2的排放視為一大問題。

　　在現代社會中，所到之處都有CO_2不斷往大氣中排放。不光是工業或能源領域，駕駛使用汽油的汽車或人類呼吸時也會排放CO_2。如此一來，大氣中的CO_2便會持續增加，不過有些存在是可以減少CO_2的。較具代表性的便是森林等植物。植物會透過光合作用將大氣中的CO_2轉換成氧氣，藉此減少大氣中的CO_2。

　　由此可知，CO_2有「增」也有「減」，當兩者的量剛好達成平衡的狀態，也就是**碳排放量相抵後為零**，即稱之為「中和」。這樣的狀態便是所謂的碳中和。只要能達成碳中和，大氣中的CO_2就不會增加，因此被視為極其重要的氣候變遷對策。氣候變遷已在世界各地造成問題，迫切需要採取對策去解決，各國與企業都把碳中和當成他們的目標。

● 碳中和的意思

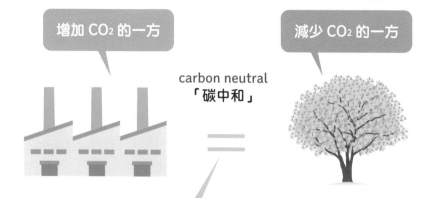

增加 CO₂ 的一方

減少 CO₂ 的一方

carbon neutral
「碳中和」

=

二氧化碳（CO₂）的排放量等於
植物透過光合作用所吸收的量

● 碳排放量與植物（杉樹）的比較

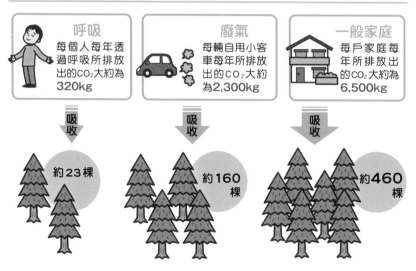

呼吸
每個人每年透過呼吸所排放出的CO₂大約為320kg

廢氣
每輛自用小客車每年所排放出的CO₂大約為2,300kg

一般家庭
每戶家庭每年所排放出的CO₂大約為6,500kg

吸收
約23棵

吸收
約160棵

吸收
約460棵

來源：根據日本關東森林管理局的「森林的二氧化碳吸收力」（https://www.rinya.maff.go.jp/kanto/ibaraki/
knowledge/breathing.html）編製而成

總結	□ 碳中和是CO₂的排放與吸收相抵後為零的狀態
	□ 實現碳中和為減緩氣候變遷的必要對策

碳中和與去碳有何不同？

▶「去碳」的含意比碳中和還要廣泛

　　國際社會一直以來不斷探討減少碳排放的方法以作為氣候變遷對策。舉例來說，有一段時期曾討論過，同樣是獲取能量的手段，或許不該使用煤炭，而是燃燒碳排放量低於煤炭的天然氣較為理想。像這樣**改採碳排放量較少的手段，即稱為「低碳化」**。

　　另一方面，氣候變遷的進展迅速，國際社會必須尋求更徹底的解決手段，也就是不伴隨碳排放的方法。以電力為例，使用陽光或是風力等可再生能源（再生能源）發電時，碳排放量為零，因而成為關注的焦點。像這樣**在進行某些活動時不會伴隨碳排放的狀況即稱為「零排放（zero emission）」**。說起來，零排放是一個廣義的概念，並不僅限於CO_2，還含括產業廢棄物的排放等，只要是會對環境造成不良影響的物質，都要將其排放量（emission）降為零。因此根據不同的用法，所涉及的含意也可以相當廣泛。

　　相對於此，碳中和一詞則僅用於與溫室氣體相關的物質。而一個達到碳中和的社會便不會排放碳到大氣中，**以擺脫碳排放這層意義來說，亦可稱之為「去碳」社會，而朝著這個方向邁進則稱為去碳化**。此外，零排放也意味著與碳相關的排放量為零而被視為去碳，是汽車領域格外常用的用語。如上所述，碳中和、零排放與去碳的用法與意義各有些許差異，因此必須格外留意。

◎ 零排放與去碳在意義上的差別

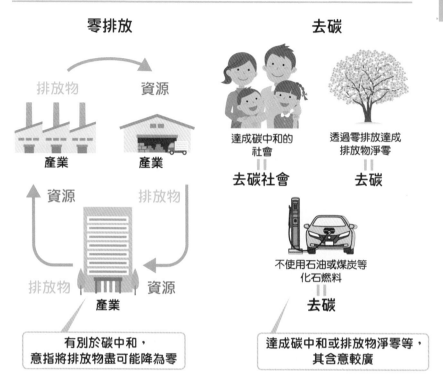

零排放

去碳

排放物 → 資源

產業　　　產業

資源　　　排放物

排放物　　　資源

產業

達成碳中和的
社會
＝＝
去碳社會

透過零排放達成
排放物淨零
＝＝
去碳

不使用石油或煤炭等
化石燃料

去碳

> 有別於碳中和，
> 意指將排放物盡可能降為零

> 達成碳中和或排放物淨零等，
> 其含意較廣

◎ 從低碳社會邁向去碳社會

低碳社會
・一個時刻謹記著要降低碳排放量的社會

↓

去碳社會
・一個已達成碳中和的社會
・一個已實現零排放的社會
・一個志在擺脫含碳物質而不使用碳的社會

總結	□ 零排放是指CO_2的排放量為零 □ 去碳的定義廣泛，根據不同的用法有多種意義

氣候變遷真的持續進行中嗎？

◉ 暖化為起因，促使氣候持續變遷

　　在談論氣候變遷的話題時，經常會連帶提到「地球暖化」一詞。兩者的根本是一樣的，不過地球暖化是用來表示「地球的氣溫上升」此一現象，相對於此，**氣候變遷則是用來表示地球暖化的結果所衍生出的各種氣候變化，以及隨之而來的災害**等。換句話說，這兩者彼此相關，地球暖化為因，氣候變遷為果。

　　一般認為地球暖化的主要原因在於碳排放量增加，實際上，地球的平均氣溫自工業革命以來便持續上升。其造成的結果中，較具象徵性的事例有南極冰層融化導致海平面上升、非洲持續沙漠化等。然而，這些與暖化直接相關的狀況，不過是氣候變遷的其中一個面向罷了。**實際發生的氣候變遷更為複雜且涉及範圍甚廣。**

　　具體來說，地球的氣溫上升開始引發比以往更極端的氣候現象，例如颱風威力增強、大雨與洪水頻仍、乾旱期變長等。日本近幾年來也經常聽到「線狀對流」一詞，並開始出現大雨、洪水與異常氣溫上升等災害紀錄，這些都是典型的例子。

　　就連負責匯集世界各地的科學見解的IPCC（政府間氣候變遷專門委員會）也針對這類極端氣候現象的發生展開討論，並對此敲響了警鐘：如果**暖化繼續發展下去，將有帶來莫大災害的風險。**

○ 氣候變遷的例子

異常的氣溫上升

極端降雨量增加

乾旱期變長

破壞力十足的颱風與壯大的低氣壓增加

海平面上升與洪水增加

北極的冰層融化

地球暖化單指氣溫升高，氣候變遷則含括了極端降雨與持續性乾旱等結果

來源：根據日本環境省的「一起學習地球暖化！地球暖化的影響」（https://ondankataisaku.env.go.jp/communicator/learning/02.html）編製而成

○ 全球年平均氣溫偏差值的變化

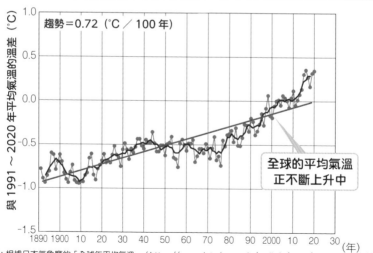

來源：根據日本氣象廳的「全球年平均氣溫」（https://www.data.jma.go.jp/cpdinfo/temp/an_wld.html）編成

總結	□ 氣候變遷是由地球暖化所引起的 □ 如日本所發生的大雨與洪水，氣候變遷正在持續進行中

不採取氣候變遷對策
就沒有未來？

● 預測氣溫上升5.7℃將會危及人類的生活

　　氣候變遷已經是現在進行式，不僅僅是開發中國家的問題。在已開發國家中，美國西海岸接二連三的森林大火，以及歐洲觀測史上最嚴重的熱浪等，都帶來了莫大的災情。日本也不例外，近年來幾乎每年都大雨成災，**氣象廳也已承認是氣候變遷造成的影響**。然而，相較於工業化之前的1850～1900年的水準，地球的平均氣溫大約只上升了1℃。但我們不妨說，氣候變遷就是如此，僅僅上升1℃就足以造成這種程度的災害。

　　現在世界各地正不斷針對氣候變遷對策進行討論，並有了重視去碳化的趨勢，但應對之策卻無法讓人滿意。關於這一點，IPCC於2021年8月公開的最新報告書中做出了預測，預測指出，若是達到「SSP5-8.5」的最糟排放情境，到了2081～2100年，全球氣溫將比展開工業化之前上升多達5.7℃。在這樣的氣溫上升條件下，可以預見暑熱與洪水等**異常氣象肆虐成災**、瘧疾等**熱帶傳染病擴散**、生物多樣性喪失與**大量物種滅絕**、全球**糧食產量減少**等種種狀況都會迅速惡化，造成毀滅性的影響。當然，還有一場**人類的生活危機**在後頭等著我們。

　　溫度僅僅上升1℃就造成了目前所見的災情，倘若氣溫上升高達5.7℃，無疑會產生極大的影響。為了守護我們將來的生活，針對氣候變遷採取因應對策已是刻不容緩的事。

● 全球平均氣溫的變化預測

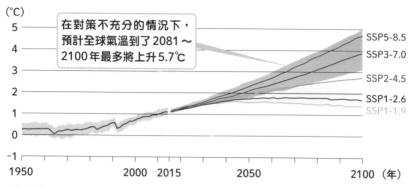

在對策不充分的情況下，預計全球氣溫到了2081～2100年最多將上升5.7℃

來源：根據IPCC的「第6次評估報告書 第1工作小組報告（有自然科學根據）」編製而成

● 第6次評估報告書中的SSP情境

SSP：Shared Socioeconomic Pathways（共享社會經濟途徑）
→社會與經濟在下一個百年期間將歷經的變化途徑

情境	概要
SSP1-1.9	在永續發展的基礎下，將溫升控制在1.5℃以下的情境 ・導入「將21世紀末的升溫幅度（以工業化前為基準）控制在1.5℃以下」的政策 ・預計在21世紀中期達成CO_2排放量等於零
SSP1-2.6	在永續發展的基礎下，將溫升控制在2℃以下的情境 ・導入「將21世紀末的升溫幅度（以工業化前為基準）控制在2℃以下」的政策 ・預計在21世紀後半達成CO_2排放量等於零
SSP2-4.5	在適度發展的基礎下，將溫升控制在2℃以下的情境 ・大概是2030年以前各國「國家自定貢獻(NDC)減排目標」合計後的排放量上限
SSP3-7.0	在區域對立的發展模式之下，未導入氣候政策的情境
SSP5-8.5	在依賴化石燃料的發展模式之下，未導入氣候政策而排放量最大的情境

來源：根據IPCC的「第6次評估報告書及日本環境省資料」編製而成

總結	☐ 氣候變遷就是溫度僅上升1℃也會造成重大災情 ☐ 若不對氣候變遷採取對策，將會為人類的生活帶來危機

溫室氣體的來源與
對地球造成的影響為何?

▶ 燃燒化石燃料會導致地球變暖

　　自工業革命以來,尤其是20世紀中期後,氣溫在短期間內急遽上升。有人認為這是冰期與間冰期以約10萬年為週期交替出現的一環,也有人認為是太陽活動日益活躍所致。目前已對此進行了科學分析——相較於約2萬年前從冰期過渡至間冰期時,現在的溫升速度快了10倍以上,而太陽活動並無活躍化的跡象等,因而否決了這些可能性,**唯有把目前的溫升歸因於人類的活動才解釋得通**。

　　因此,溫室氣體的排放成了焦點。地球會承接來自太陽的能量,並以紅外線的形式從地表釋放幾乎等量的能量至宇宙,大氣則接收了這些紅外線並將溫度保留在地球。大氣中挾帶著CO_2等溫室氣體,而溫室氣體具有吸收紅外線並再次放射的性質。這導致從地表釋放出的紅外線會積存於大氣之中,並再次返回地表,使表面附近的大氣溫度升高。

　　換句話說,**一旦CO_2等溫室氣體增加,地球變暖的效果也會增強**。燃燒化石燃料對這些溫室氣體的排放影響最甚。化石燃料是深埋於地底深處的碳塊,經過燃燒後會產生CO_2,使大氣中的碳含量增加。自工業革命以來,這些氣體隨著全球的經濟成長而急速增加,連帶使氣候變遷的速度加快。尤其是煤炭的碳排放量大,在氣候變遷對策中最受重視。

◉ 溫室效應的機制

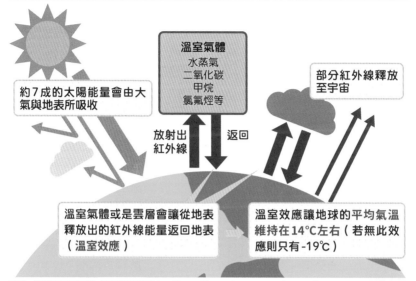

溫室氣體
水蒸氣
二氧化碳
甲烷
氫氟烴等

部分紅外線釋放至宇宙

約7成的太陽能量會由大氣與地表所吸收

放射出紅外線　返回

溫室氣體或是雲層會讓從地表釋放出的紅外線能量返回地表（溫室效應）

溫室效應讓地球的平均氣溫維持在14℃左右（若無此效應則只有-19℃）

來源：根據日本氣象廳的「何謂溫室效應？」（https://www.data.jma.go.jp/cpdinfo/chishiki_ondanka/p03.html）編製而成

◉ 在溫室氣體總排放量中所占的氣體排放量明細

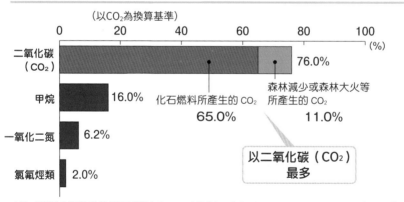

（以CO_2為換算基準）

二氧化碳（CO_2）　76.0%

化石燃料所產生的 CO_2　65.0%

森林減少或森林大火等所產生的 CO_2　11.0%

甲烷　16.0%

一氧化二氮　6.2%

氫氟烴類　2.0%

以二氧化碳（CO_2）最多

來源：根據日本地球暖化防止活動推進會（JCCCA）的「何謂地球暖化？地球暖化的原因與預測」（https://www.jccca.org/global-warming/knowleadge01）編製而成

總結	☐ 溫室氣體會接收紅外線而使地球升溫 ☐ 化石燃料的碳排放量大而被視為一大問題

《巴黎協定》中有何規定？

`

● 每5年提交一次溫室氣體的減排目標

　　氣候變遷是地球規模的緊急課題，並非由單一國家採取對策即可解決，自1990年代前半，便是聯合國會員國長期不斷探討的議題。而**《巴黎協定》**則是史上首度由所有連署《聯合國氣候變遷綱要公約》的會員國都**承諾將致力於減少造成地球暖化的溫室氣體**的協定。《巴黎協定》於2015年12月通過，並滿足了「占全球溫室氣體總排放量55％的55個國家都簽署」的這項生效條件，在通過後的1年內便以驚人的效率於2016年11月正式生效。此事讓全世界對氣候變遷對策的重要性有了共識，自從該協定通過並生效後，全球的去碳化活動便正式啟動。

　　《巴黎協定》具有一項劃時代的意義，即規定不分已開發國家或開發中國家，都應朝去碳化這個共同目標邁進，且**所有國家每5年須提交並更新一次減排目標**。由各國決定該如何設定減排目標，不過另有規定每5年重新審查時必須比前一次的目標更進一步，藉此讓全世界開始努力推動去碳化對策。此外，該協議還含括一項內容，目標是將工業革命以來的溫升控制在2℃以下，並努力控制在1.5℃，以此作為全球共同的長期目標。

　　這份協定本身是一份關於2020年以後減少溫室氣體排放等的綱要，全球的去碳化對策才剛起步，期望透過《巴黎協定》加快腳步。

◐ 《巴黎協定》的重點

全球共同的長期目標	**提交國家的減排目標**	**報告國家的實施狀況**	**設定適當的長期目標**
將溫升設定為2℃以下，並努力控制在1.5℃	所有國家每5年要提交並更新一次減排目標	所有國家都要報告實施狀況並接受審查	各國都要提出並更新適當的計畫進程、行動的實施與適當的報告書

技術革新	**檢討實施狀況**	**提供資金**	**活用市場機制**
確立技術革新的重要性	每5年要檢討一次全球的實施狀況（全球盤點）	由已開發國家提供資金，外加開發中國家的自願資助	活用包括兩國間碳信用額度制度（JCM）在內的市場機制

來源：根據日本外務省的「2020年以後的網要：巴黎協定」
（2020年4月）（https://www.mofa.go.jp/mofaj/
ic/ch/page1w_000119.html）編製而成

> 所有國家都承諾將致力於減少溫室氣體

◐ 美國重新加入《巴黎協定》

2017年美國前總統川普宣布退出，
2021年總統拜登則表明美國將重新
加入，兩人對暖化的意見有所分歧

總統拜登 　　　　　　　　　　　**前總統川普**

總統拜登	《巴黎協定》	前總統川普
就任總統當天即重新加入	《巴黎協定》	此協定不公平，將破壞美國經濟，故表明退出
推動投資，目標是在2035年前達成發電廠溫室氣體的淨零排放	可再生能源	將會犧牲美國豐富的化石燃料，因而不予推動
必須立即著手應對人類的危機	暖化	認為是捏造的而拒絕相信

來源：根據美國總統大選時的主張編製而成

總結	□ 《巴黎協定》是所有國家致力於去碳化而具歷史意義的協議 □ 將溫升控制在2℃已成為全球共同的目標

現今日本的對策為何？

　　日本一直以來都持續推動節能對策，在氣候變遷對策的領域也發揮著國際領導力。然而，進入2010年代後，日本在這方面的參與力道卻變弱了。其中一大主因在於福島第一核電廠事故。該事故導致**核能發電的比例下降，為了補足電力缺口而增加了火力發電的比例**。日本現在火力發電廠所供應的電力比例仍超過7成。除了這個背景因素之外，日本還**積極將燃煤發電廠出口至海外**，因而多次獲頒「化石獎」，這個獎項帶有諷刺意味，主要是頒給對地球暖化對策態度消極的國家。此外，針對《巴黎協定》這份全球氣候變遷對策的綱要，日本也未能及時在該協定生效前完成簽署程序，這類沒有好好掌握國際去碳化趨勢的狀況一再地發生。

　　日本政府於2020年10月發表的**2050年碳中和宣言**，則讓這樣的情況為之一變。該目標是要全日本在2050年之前達到碳中和的目標。為了達成這個目標，日本政府已經公開發表**綠色成長戰略**（參照P.50），展示了2050年之前的去碳藍圖。2021年4月還發表了2030年之前的中期目標，要致力讓溫室氣體比2013年度減少46％（參照P.46）。自從接連公布去碳化措施後，也開始陸續有企業發出碳中和宣言，日本正逐漸和去碳化的趨勢接軌。

● 為求實現碳中和而擬定的綠色成長戰略

能源相關產業

離岸風力發電產業
風車本體、零件與
浮體式風力發電

燃氨產業
發電專用燃燒器（邁向氫能
社會的過渡期的燃料）

氫能產業
發電渦輪機、氫還原煉鐵法、
搬運船與水電解裝置

核能產業
SMR（小型核能反應爐）與
製氫核能

運輸・製造相關產業

汽車・蓄電池產業
EV、FCV與次世代電池

半導體・資通訊產業
數據中心與節能半導體
（需求方的效率化）

船舶產業
燃料電池船、EV船與
天然氣燃料船等
（氫氣或氨氣等）

**物流・人流・
土木基礎設施產業**
智能交通、物流專用無人機與
FC建設機械

糧食・農林水產業
智慧農業、高層建築物
木造化與藍碳

航空產業
油電混合化與氫動力飛機

碳循環產業
混凝土、生質燃料與
塑膠原料

為了實現2050年的碳中和目標，期待今
後的產業能有所成長；從溫室氣體減排的
角度來看，這14個重要領域皆須採取對
策，並設定符合期待的解決方案

家庭・辦公室相關產業

**住宅・建築物產業／
次世代型太陽能產業**
（鈣鈦礦※）

資源循環相關產業
生質材料、再生材料與
廢棄物發電

生活型態相關產業
地區去碳化事業

※具有結晶構造的物質，用於太陽能電池
等（參照P.118）

來源：根據日本資源能源廳的「邁向碳中和的產業政策 何謂『綠色成長戰略』？」（2021年5月）（https://
www.enecho.meti.go.jp/about/special/johoteikyo/green_growth_strategy.html）編製而成

總結
☐ 日本的火力發電比例高，在氣候變遷對策方面已落後
☐ 因碳中和宣言使得去碳化趨勢提高

將會如何影響企業的股價？

▶ 重視對去碳化有所貢獻的企業的投資

　　投資界現今尋求的是負責任的投資，而非單純追求報酬的多寡。許多機構與投資者都贊同聯合國等所彙整的「責任投資原則」，在這些原則之下，**「ESG投資」也正在迅速擴大**。ESG一詞是擷取環境（Environment）、社會（Social）與治理（Governance）的英文首字母所組成，在近年來氣候變遷持續加速的背景之下，這三者又以**含括去碳在內的E格外受到重視**。2020年，美國大型投資公司貝萊德（BlackRock）針對資產運用總額超過25兆美元的425家投資機構等所進行的調查中，約有9成的投資者回答，進行投資時會聚焦於E，刻意和另外的S與G做出投資考量上的區隔。

　　這類**所謂的ESG投資或永續投資的投資額正在急速增加**。這些投資所帶來的效果當然也反映在致力於去碳化的企業上。在這樣的背景之下，**努力實現去碳化的企業的股價也不斷上升**。舉例來說，美國的特斯拉（參照P.150）專心投入電動汽車（Electric Vehicle）的生產而使股價飆升，其市值已超越豐田汽車而登上新聞版面。此外，還發生了象徵去碳時代的事件——把重心放在可再生能源的丹麥電力公司沃旭能源（Ørsted A/S）的股價也急遽上升，其一家公司的市值就超過日本的東京電力與關西電力等10家大型電力公司。在日本從事氫能事業的岩谷產業與可再生能源企業Renova的股價也正在迅速上揚。各種品牌都必須時刻關注去碳化。

● 現在與今後3～5年間的活動中具有投資潛能的領域

以資產運用總額約25兆美元的投資機構等為對象的425份問卷調查結果

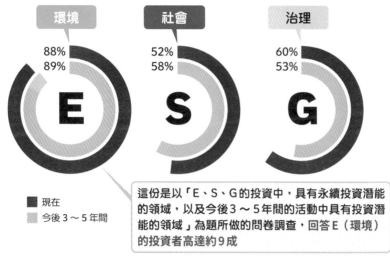

環境
88%
89%

社會
52%
58%

治理
60%
53%

■ 現在
▨ 今後 3 ～ 5 年間

這份是以「E、S、G 的投資中，具有永續投資潛能的領域，以及今後 3 ～ 5 年間的活動中具有投資潛能的領域」為題所做的問卷調查，回答 E（環境）的投資者高達約 9 成

來源：根據BlackRock的「Sustainability goes mainstream」（https://img.lalr.co/cms/2021/05/28202727/blackrock-sustainability-survey.pdf）編製而成

● 日本國內外可再生能源品牌的股價飆升

沃旭能源的股價變化（DKK：丹麥克朗）　　　　　　　　　　　（DKK）

丹麥的沃旭能源把重心放在可再生能源，其一家公司的股價就超過日本10家大型電力公司的合計市值總額

1,351.50

1,072.12

792.75

513.37

234.00

2017　　2018　　2019　　2020　　2021 (年)

| 總結 | □世界各地的ESG投資與永續投資均持續增加 |
| | □日本國內外對去碳化有所貢獻的企業品牌急速成長 |

金融機構今後將不再投資
「碳」產業？

● 碳排放量大的企業將無法獲得投資與融資

隨著ESG投資與永續投資增加，有些領域的投資當然會逐漸減少。現今全球邁向去碳化的潮流已經加速，因此也開始出現這樣的趨勢：碳排放量大的領域的評價下滑、將重心擺在化石燃料的企業的股價下跌。在這樣的大環境下，**金融機構也頻頻做出「撤資」之舉，從高度依賴碳的事業中撤出投資**，這點在CO_2排放量極大的燃煤發電格外顯著。這些被形容成「擱淺資產」，意即投資回報無望、無法回收的資產，如今已正式掀起從擁有燃煤資產的企業中撤資的風潮。

日本一直以來都全力投入燃煤發電，所以主要的大型貿易公司都擁有燃煤資產，而這一波**撤資風潮已經波及到這些日本企業**。舉例來說，2020年住友商事在澳洲的燃煤事業總計虧損了250億日圓。其他像是伊藤忠商事與三井物產等貿易公司也已宣布放棄燃煤資產等，影響正持續擴大。此外，三菱日聯金融集團還公布了2050年前的投融資組合，將實現溫室氣體的淨零排放（Net Zero）。目前已逐漸形成**碳排放量大的企業將無法獲得投資與融資**的趨勢，一般預測這樣的趨勢也會逐漸擴展至日本國內。受到這些趨勢影響，日本國內的化石燃料相關企業已開始傾注心力進行去碳轉型。ENEOS與東京瓦斯等企業皆紛紛跨足氫能與可再生能源的領域，可說是受到這些影響所產生的現象。

◉ 撤資與投資

撤資

從碳排放量大的企業或
將重心擺在化石燃料的
企業等事業中
撤出投資

相反關係

●放棄股票、債券或投資信託等
●收回融資借款
●停止對企業的投資或融資
　等等

投資

以增加資產為目的，
對有前景的企業
或是事業等
進行投資

●購買股票、債券或投資信託等
●降低已融資資金的利息
●追加對企業的投資或融資
　等等

◉ 大型貿易公司預計對燃煤資產採取的措施

伊藤忠商事
將於 2023 年度之前
全面撤出
發電用煤碳的權益

三井物產
將於 2050 年之前
實現溫室氣體排放量
等於零

丸紅
將於 2050 年之前
全面撤出
燃煤發電相關事業

三菱商事
將於 2050 年之前
全面撤出
燃煤發電相關事業

住友商事
將於 2040 年代後半期
全面撤出
燃煤發電相關事業

伊藤忠商事早就公開聲明將撤出燃煤發電事業，
目前正逐步自燃煤發電事業撤資

| 總結 | □ 從碳排放量大的企業撤出投資的速度加快 |
| | □ 化石燃料相關企業已開始傾注心力進行去碳轉型 |

將對貿易課徵碳稅？

▶ 早一步採取氣候變遷對策的國家將開始徵收碳稅

目前的現狀是，世界各國在氣候變遷對策方面的努力已出現落差。**把推動去碳化視為經濟成長的機會，這樣的趨勢已漸漸成為現今的潮流**，去碳化原本一直被認是有效的氣候變遷對策，不過卻也是阻礙經濟成長的要因。現在正是進入碳中和時代的過渡期，在這樣的初期階段還衍生出另一層顧慮，亦即先採取行動的國家，其產業可能要單方面承擔氣候變遷對策的成本。**國境碳稅調整措施便是用以彌平這種不公平的狀況。**

國境碳稅調整措施是由先行推動氣候變遷對策的國家，**對起步相較落後的國家的進口品徵收碳稅**。此措施在國際社會中仍處於討論階段，不過歐洲在2021年7月率先發表了導入計畫。該計畫內容將溫室氣體排放量大的鋼鐵、水泥、肥料、鋁與電力這五大品項列為課稅對象，實際的課徵預計從2026年起全面實施。事實上，其作用無異於關稅，在推動氣候變遷對策的背後，隱含著保護自己國內產業的觀點。必須格外留意的一點是，利用推動氣候變遷對策的優勢來**削弱碳排放量大的國家的產業競爭力，這種做法很可能會淪為爭奪主導權的工具。**

此外，為了推動氣候變遷對策，另有一套措施是針對國內制定碳價，這項措施即稱為碳定價（Carbon Pricing）。往後的時代將會逐漸把碳排放視為一種成本。

● 國境碳稅調整措施的機制

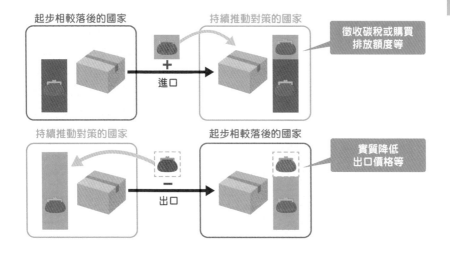

● 國境碳稅調整措施的優點與缺點

優點	缺點
可預防這樣的事態：國內企業採取去碳化對策，導致成本增加等而降低競爭力	有與其他國家發生嚴重貿易摩擦的風險（也有必要探討國際規則與整合性）
當自己國內產業的去碳化及碳稅等規範的水準較高時，可藉此保護產業	要在統一的基準下確保正確性與透明度，並計算出作為課稅依據的排放量並不容易
國外的企業也不得不採取因應措施，可促進全球排放量減少	有進口品漲價而影響到消費者的風險

總結	□ 課徵碳稅是為了彌平對策所帶來的成本不公現象 □ 往後的時代，碳排放將會成為一種成本

PPA爭奪戰已經開打

▶ 採購可再生能源所產生的電力是相當重要的企業戰略

　　如今已進入企業也必須採取去碳化對策的時代，企業**首先可以執行的便是電力的去碳化**。只要改用可再生能源所產生的電力，就能將自家公司消耗電力所排出的CO_2降為零。此外，可再生能源的成本也在持續下降。考慮到今後將迎來碳成本高昂的時代，從可再生能源獲得穩定的電力供應已成為相當重要的企業戰略。

　　在這樣的背景之下，由成為需求者的企業等**直接向發電業者購買電力的PPA（購售電合約）**，在國外已經成為一種趨勢。其特色在於，截至2020年年底，Amazon已成為全球第一大的可再生能源買家，而以GAFAM（Google、Apple、Facebook、Amazon與Microsoft五大科技巨擘的英文首字母縮寫）為首的歐美知名企業皆已紛紛加入透過PPA來購買可再生能源的行列。

　　這些行動也已經影響到日本。以2021年發表日本首度透過轉供（Off-site PPA）來購買可再生能源的7&I控股集團為首，致力於去碳化的企業皆開始透過PPA增加可再生能源的採購量。這是有原因的。在往後的去碳時代，企業勢必得面對電力去碳化的課題。另一方面，日本的可再生能源比例極低，無法滿足所有需求。換句話說，從結構上可以看出，**早一步著手購買可再生能源的企業較具有優勢**。全球性的PPA爭奪戰已經展開，同樣的，日本對去碳化的要求也愈來愈高，可預見今後即將掀起一場PPA爭奪戰。

PPA的主要類型

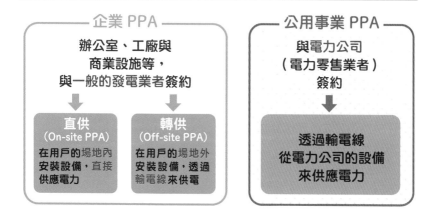

企業 PPA

辦公室、工廠與
商業設施等，
與一般的發電業者簽約

直供
（On-site PPA）
在用戶的場地內
安裝設備，直接
供應電力

轉供
（Off-site PPA）
在用戶的場地外
安裝設備，透過
輸電線來供電

公用事業 PPA

與電力公司
（電力零售業者）
簽約

透過輸電線
從電力公司的設備
來供應電力

世界各地導入企業PPA之推移

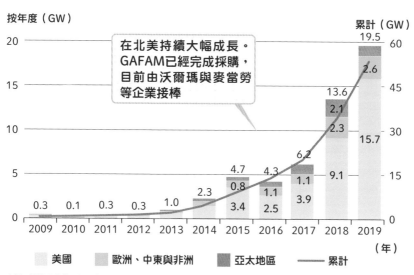

按年度（GW）

累計（GW）

在北美持續大幅成長。
GAFAM已經完成採購，
目前由沃爾瑪與麥當勞
等企業接棒

2009 2010 2011 2012 2013 2014 2015 2016 2017 2018 2019
（年）

0.3　0.1　0.3　0.3　1.0　2.3　4.7　4.3　6.2　13.6　19.5

| | 美國 | 歐洲、中東與非洲 | 亞太地區 | 累計 |

來源：根據日本資源能源廳的「往創造『可再生能源型經濟社會』的方向邁進」（2020年7月22日）（https://
www.meti.go.jp/shingikai/enecho/denryoku_gas/saisei_kano/pdf/018_02_00.pdf）編製而成

總結

□ 企業PPA是指由企業直接向發電業者購買電力
□ 在PPA爭奪戰中勝出而能採購可再生能源的企業較具優勢

須留意高溫造成的中暑與對農漁產品的損害

　　說到氣候變遷對日本帶來的影響，首先浮現腦海的便是豪雨成災，但不僅止於此，較為顯著的現象還有暑熱造成死亡風險與中暑增加等。舉例來說，死亡人數較多的2010年與2018年便是連續多日破紀錄酷暑的年分，一般認為氣候變遷加劇會導致這類高溫的發生頻率增加。實際上，因中暑而送醫的人數與死亡人數都有增加的傾向，必須格外留意的是高齡者。人上了年紀後，往往較難察覺氣溫的變化，因中暑而送醫的人當中，65歲以上的高齡者占了近半數。在日趨高齡化社會的日本，必須更加關注高溫問題。

　　此外，大雨造成的洪水災害也備受矚目，不過整體的年降雨天數卻正在減少，根據預測，日本今後也會面臨水資源短缺的問題。暖化會引發海流等變化，水產業也是受其影響的產業之一。當然，暖化並非唯一的原因，以日本海為例，便出現了鰤魚與鰆魚等的漁獲量增加，而北魷的捕獲量卻大幅減少等變化，已對水產業從業人員的生活造成影響。此外在農業方面，有些地區的水稻因高溫而導致品質下降，果樹也出現蘋果與葡萄著色不良、溫州蜜柑浮皮或曬傷、日本梨發芽不良等狀況。

　　氣候變遷是氣候模式偏離常軌所產生的變化，自然環境對這類變化較為敏感而容易受到影響。往後，日本也許從自身周遭就能感受到氣候變遷的影響。

Part

2

日本與世界各國的現狀

日本與世界邁向碳中和
所採取的行動

哪個國家在氣候變遷的談判中
握有主導權？

● 責任程度因國家而異的主張

　　人們漸漸意識到，氣候變遷是地球規模的問題，應該由全世界齊心協力來解決。為了探討這個問題的對策，世界各國於1992年通過了《聯合國氣候變遷綱要公約》，此後**自1995年起基本上每年都會舉辦締約國大會（COP）**，針對對策進行討論。

　　然而，碳排放的論點也關乎到經濟成長，每個國家的排放量也各異，因此各國的主張彼此對立，長久以來都未能達成有實際效果的減碳共識。「**共同但有差別的責任**」是較具特色的一個論點。這項主張認同致力於因應氣候變遷是所有國家共同的責任，但是責任的程度則因國家而異。此論點的基礎思維在於，從開發中國家的角度來看，已開發國家在此之前已經排放大量的CO_2並達成經濟發展，因此這些國家對氣候變遷的責任較大，中國也不斷提出這項主張。

　　對此，2015年的《巴黎協定》（參照P.22）可說是一個轉捩點。《巴黎協定》這項條約不區分已開發國家或開發中國家，**充滿了致力於因應氣候變遷的精神**，因而成為別具歷史意義的協議。除了原本就很關注氣候變遷對策的歐洲扮演前導者的角色外，碳排放量特別大的美中兩國也贊同《巴黎協定》，可說是影響重大。甚至到了2020年以後，各國又加快腳步，陸續發表碳中和宣言等。而且還開始顯現出爭奪主導權的跡象，往後仍必須時刻關注與氣候變遷對策相關的國際交涉走向。

●各國與各地區對減碳的主張

歐洲等已開發國家

- 為了更有效率地推動氣候變遷對策，全球必須齊心協力一起努力
- 氣候變遷對策是全人類的課題，開發中國家也要共同擔負責任

含中國在內的開發中國家

- 歷史上的溫室氣體排放量較少
- 許多國家已直接受到氣候變遷的不良影響
- 在預算或技術等與氣候變遷相關的對策方面，能力是不足的

共同但有差別的責任

《巴黎協定》

所有國家與地區團結一致，
展現將致力於因應氣候變遷的態度，
是別具歷史意義的協議

● 世界各地能源所產生的碳排放量之推移（1990～2016年）

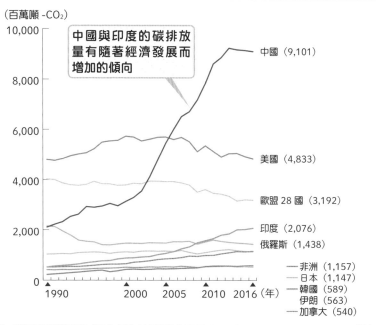

（百萬噸 -CO₂）

中國與印度的碳排放量有隨著經濟發展而增加的傾向

中國（9,101）
美國（4,833）
歐盟 28 國（3,192）
印度（2,076）
俄羅斯（1,438）
非洲（1,157）
日本（1,147）
韓國（589）
伊朗（563）
加拿大（540）

1990　2000　2005　2010　2016（年）

來源：根據日本資源能源廳／IEA的「CO₂ EMISSIONS FROM FUEL COMBUSTION 2018 Highlights」編成

總結	□ 認為責任因國家而異的主張導致各國難以達成共識
	□《巴黎協定》是已開發與開發中國家都同意採對策的協議

綠色復甦將會成為
從新冠肺炎疫情中復興的關鍵？

● 透過去碳化來振興經濟已成為世界潮流

2020年新冠肺炎疫情擴大，因而引發不景氣，各國該如何振興經濟遂成為焦點。其中以歐美國家為中心所提出的概念便是「綠色復甦」。綠色是指去碳，意味著**在實現去碳的同時，逐步振興經濟**。各國在從新冠肺炎疫情中重建經濟時，開始會思考朝永續的經濟模式發展努力。

自2016年《巴黎協定》生效以後，世界各地的去碳化對策一下子有了大幅進展。可再生能源的成本驟降，宛如與此連動般，推動電動汽車與氫能等論點也相繼出籠，**去碳化不再只是氣候變遷的對策，也開始被視為經濟成長的泉源**。

要從新冠肺炎疫情中振興經濟時，各國都在關注著這些去碳化對策的經濟成長可能。陸續有國家或地區發表了這樣的措施：**能夠一邊透過對去碳化政策的支援或是挹注財政資源，一邊振興產業，並在過程中創造就業機會**。打頭陣的是歐盟執行委員會。於2020年5月發表的經濟復甦配套方案，其中有一項是「the twin green and digital transitions」，將去碳定位為重要領域，與數位化並列為兩大支柱，明確推出綠色復甦的方針。此後，美英等國也紛紛跟進，日本也在這樣的趨勢下推出了綠色成長戰略等，綠色復甦已然成為世界潮流。

◉ 何謂綠色復甦？

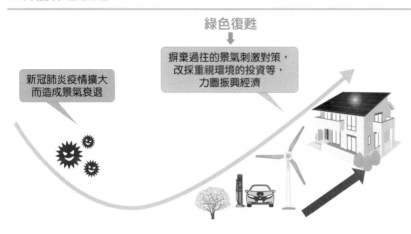

綠色復甦

摒棄過往的景氣刺激對策，
改採重視環境的投資等，
力圖振興經濟

新冠肺炎疫情擴大
而造成景氣衰退

◉ 主要國家對綠色復甦的態度

美國	英國	加拿大

美國

4年內在綠色復甦上
投資超過2兆美元
（約新台幣60兆元）

在2030年之前
投資50萬座EV的
充電基礎設施

在2035年之前
實現電力淨零排放

英國

在綠色復甦上
投資120億英鎊
（約新台幣4,365億元）

推出「綠色產業
革命」計畫，
目標是在
2030年之前
創造或支援
最多25萬人的
綠色就業機會

加拿大

發行約50億加幣
（約新台幣1,150億元）
的「綠色債券」，
這是為了調度用於
環境對策專案
（可再生能源的利用
與碳排放量少的
運輸等）的資金
而發行的債券

Amazon 也宣布將投資致力於研發減碳方法的企業，並投入 20 億
美元（約新台幣 600 億元）於氣候變遷對策。各企業的綠色投資
也備受矚目

總結	☐ 去碳化不只是氣候變遷的對策，更是經濟成長的泉源
	☐ 歐洲的目標是透過去碳與數位化這兩大支柱來振興經濟

歐美各國已降低對煤炭的依賴，日本卻仍高度依賴

◉以全面廢除燃煤發電為方針的歐洲與高度依賴的日本

電力的去碳化是日本面臨的問題之一。**日本超過7成的電力是仰賴火力發電**，碳排放量特別多的燃煤發電的比例超過3成。觀察其他主要國家，美國的電源結構與日本相似，煤炭與天然氣加總的比例超過5成，但是以下兩點狀況與日本不同。其中一點是，受到國內自產頁岩氣等的影響，美國對天然氣的依賴度驟升，2010年代以後**對煤炭的依賴度下降**。另一點則是可再生能源的導入量急速增加，**整體電力的去碳比例正逐漸提高**。

另一方面，歐洲的法國為核能大國，超過7成的電力是由核能所提供。此外，德國一直以來都致力於導入可再生能源，其比例約占4成，同時亦持續推動電力去碳化的對策。英國也不斷導入離岸風力發電，英國政府於2020年發表了一項計畫，預計將在2030年以前利用離岸風力發電來供應所有家庭的電力。

針對燃煤發電，英國、法國與德國皆已提出全面廢除的方針，美國也揭示其目標是在2035年以前達成電力淨零排放（參照P.14）。觀察其他主要國家所採取的對策便會發現，日本的電力去碳化對策仍不周全。有鑑於日本受限於國土狹窄而不易導入可再生能源，該如何推動去碳化變得至關重要。

◎ 主要國家的電源結構（2020年、10個國家）

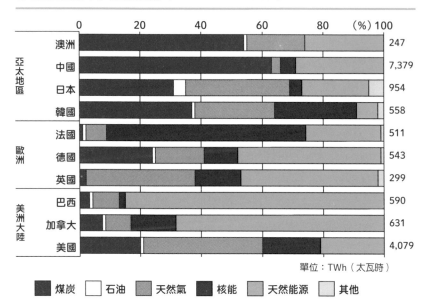

單位：TWh（太瓦時）

| ■ 煤炭 | □ 石油 | ■ 天然氣 | ■ 核能 | ■ 天然能源 | □ 其他 |

◎ 煤炭發電量的比較

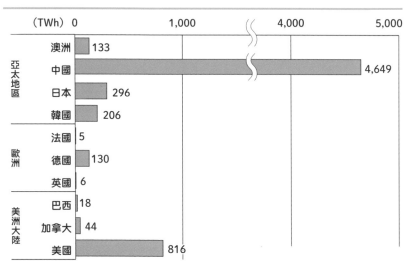

| 總結 | ☐ 英法德分別藉由離岸風電、核能與再生能源來實現去碳化 |
| | ☐ 美國的目標是在2035年達成電力淨零排放 |

日本的電力能源背景
使其不得不依賴燃煤發電

▶ 為了震災後的穩定供電，火力發電是必要的

在提出碳中和之後所掀起的去碳化潮流中，日本的火力發電比例（超過7成）引起了關注，不過以前的比例並沒有這麼高。舉例來說，2000年的比例為55％，比現在低得多。**導致這樣的傾向為之一變的，是福島第一核電廠事故。**由於發生事故，直到通過審查之前，核電廠都無法運作，這也導致日本失去之前透過核能供應的4分之1電力。另一方面，日本的電力需求不變，所以**必須靠其他方式來補足失去核能供電所造成的短缺**。取而代之的是火力發電。震災後，日本曾有一段時期高達近9成的電力都是靠火力發電來供應，而火力發電的高比例則一直持續到現在。從這個觀點來看，若說震災後的穩定供電全拜火力發電所賜也不為過。這麼高的比例中也包含碳排放量大的燃煤發電，震災後，日本燃煤發電的比例便一直超過3成。

雖然日本受到震災的影響而導致火力發電的比例提高，不過因為全球性的去碳化潮流，日本政府於2020年7月宣布，將讓燃煤發電廠中因日益老舊等因素而使**運轉效率變低的約100座火力發電廠於2030年之前除役**。為了在2030年之前減少46％的溫室氣體，日本將會雙管齊下，探討可再生能源的導入與核電的重啟，並實行讓老舊火力發電廠停止運作的相關措施。

● 日本一次性能源供應結構之推移

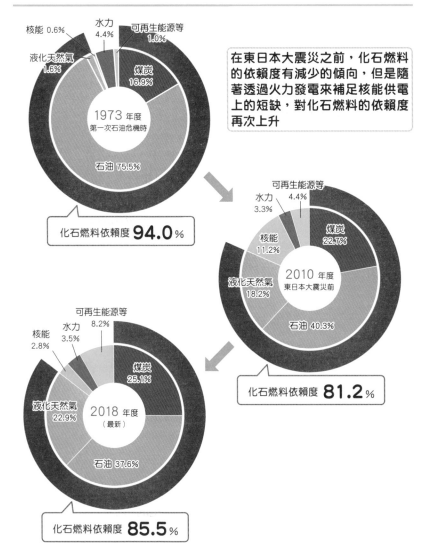

在東日本大震災之前，化石燃料的依賴度有減少的傾向，但是隨著透過火力發電來補足核能供電上的短缺，對化石燃料的依賴度再次上升

核能 0.6%　水力 4.4%　可再生能源等 1.0%
液化天然氣 1.6%　煤炭 16.9%

1973 年度
第一次石油危機時

石油 75.5%

化石燃料依賴度 **94.0**%

可再生能源等 4.4%
水力 3.3%
核能 11.2%
煤炭 22.7%
液化天然氣 18.2%

2010 年度
東日本大震災前

石油 40.3%

化石燃料依賴度 **81.2**%

可再生能源等 8.2%
水力 3.5%
核能 2.8%
煤炭 25.1%
液化天然氣 22.9%

2018 年度
（最新）

石油 37.6%

化石燃料依賴度 **85.5**%

來源：根據日本資源能源廳的「日本的能源2020 認識能源現況的10個提問」（https://www.enecho.meti.go.jp/about/pamphlet/pdf/energy_in_japan2019.pdf）編製而成

總結
□ 利用火力發電來補足核能供電上的短缺
□ 將於2030年之前讓約100座燃煤發電廠停止運作

日本國內的碳排放量現狀為何？

　　觀察碳排放量的時候，總計方式會因為CO_2是直接排放還是間接排放而有所不同。直接排放是指工廠等處隨著石油產品的製造或發電而產生的碳排放量。另一方面，間接排放則是以企業或家庭等最終需求部門的消耗量總計而成的碳排放量。舉例來說，為了產生電力而讓火力發電廠運作並燃燒化石燃料，便會涉及碳排放，所以被視為直接排放。

　　以日本國內的碳排放量來看，**發電廠與燃氣發電廠等「能源轉換部門」的碳排放量，在直接排放中占了將近4成**，位居第一。因此，電力去碳化是非常重要的主題。此外，位居第二的是工廠等「產業部門」，第三名則是「運輸部門」，與第一名的能源轉換部門加總起來，**這三個部門的直接排放量就占了整體8成**。以產業部門的情況來說，熱能的利用大多會伴隨化石燃料的燃燒，並透過這樣的途徑直接排放。此外，運輸部門也會涉及直接排放，因為汽車、船舶與飛機任何一項運輸工具都會用到燃料。

　　間接排放量也是觀察碳排放量的重要指標，**它是包括電力使用等在內的最終需求部門消耗量所排放出的二氧化碳**。究其明細，第一名是「產業部門」，第二名是「運輸部門」，而排放量沒有太大變化的「家庭部門」則是略低於15％，但也占了一定的量。因此，目前**不光是企業，也要致力於提出含括家庭在內的去碳化對策**。

◉ 日本各部門的碳排放量比例（2019年度）

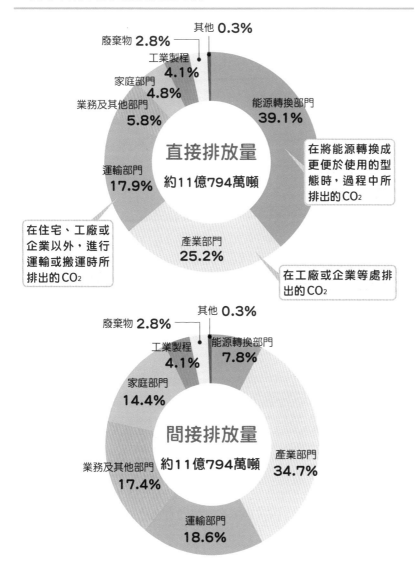

其他 0.3%
廢棄物 2.8%
工業製程 4.1%
家庭部門 4.8%
業務及其他部門 5.8%

能源轉換部門 39.1%

直接排放量
約11億794萬噸

在將能源轉換成更便於使用的型態時，過程中所排出的CO₂

運輸部門 17.9%

在住宅、工廠或企業以外，進行運輸或搬運時所排出的CO₂

產業部門 25.2%

在工廠或企業等處排出的CO₂

其他 0.3%
廢棄物 2.8%
工業製程 4.1%
家庭部門 14.4%

能源轉換部門 7.8%

間接排放量
約11億794萬噸

產業部門 34.7%

業務及其他部門 17.4%

運輸部門 18.6%

來源：根據日本地球暖化防止活動推進會（JCCCA）的「日本各部門的二氧化碳排放量（2019年度）」（2021年4月）編製而成

總結
☐ 能源轉換、產業與運輸部門合計占直接排放量的8成
☐ 間接排放量以產業與運輸部門占比較高，家庭也占近15%

日本該如何採取行動來減少
46％的溫室氣體排放量？

> ● 必須減少包括家庭在內所有部門的碳排放量

　　繼2050年的碳中和宣言之後，日本政府又於2021年4月更新了邁向該目標的中期目標。這項新目標是要**在2030年之前，讓溫室氣體的排放量比2013年度減少46％**，比之前訂下的目標（2030年之前要比2013年度減量26％）一口氣達20％之多。當然，在2050年之前必須讓碳排放量相抵後為零，所以提高2030年的目標至關重要。然而，要達成這項目標並不容易。

　　日本2013年度的碳排放量大約為14.08億噸。要將這些量減少46％，意味著在2030年之前必須讓碳排放量降至約7.6億噸。為此，所有部門都有必要減少CO_2的排放。舉例來說，現今家家戶戶每天都會用到電。然而，日本的電力大多來自使用化石燃料的火力發電，因此在家中使用電力也會間接排放CO_2。以這些CO_2的間接排放量來看，產業部門的排放量確實較多，但是**來自家庭的排放量也很大，占了將近15％**，而在汽車等**運輸方面也會排放近2成左右**的CO_2（參照P.44）。除非在含括家庭在內的所有方面減少CO_2，否則無法在2030年之前達成減少46％排放量的目標。

　　逐步讓電力供應去碳化固然重要，各個家庭改用可再生能源所產生的電力等，**每個人在行為上的改變也變得重要**。

● 各國與各地區在2030年之前減少溫室氣體的目標

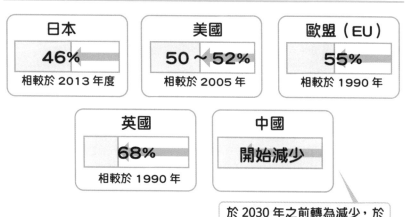

● 日本為了實現2030年的目標而減少的溫室氣體排放量

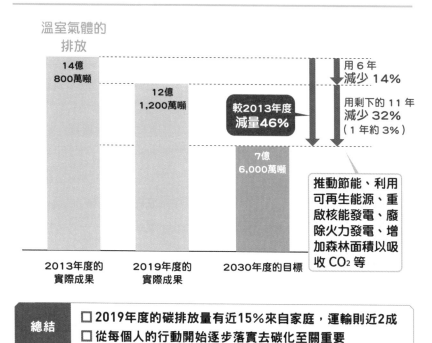

總結	☐ 2019年度的碳排放量有近15%來自家庭，運輸則近2成
	☐ 從每個人的行動開始逐步落實去碳化至關重要

容易致力於去碳化的產業與難以實行去碳化的產業

▶ 涉及直接排放的業界還是很難減少CO₂的排放

　　汽車相關、工廠與設備相關等行業，都已陸續推動去碳化對策。電力的轉換是最具代表性的例子。

　　許多電力公司都備有各種可再生能源電力方案等，購電的選擇愈來愈多。P.44已提過CO₂的直接排放與間接排放，而間接排放所排出的CO₂大多是使用電力所致，所以只要**改用可再生能源所產生的電力**，即可大幅減少CO₂的排放比例。

　　在工廠等會大量用電的業界中，購電費用本來就很低廉，改用可再生能源所產生的電力往往會增加成本，所以從成本面來看，要實行去碳化並不容易。另一方面，在沒有持有工廠等的業界中，有很多可再生能源方案在價格上與目前所使用的電費無異，因此只要轉換方式即可減少許多的碳排放量。實際上，以不動產業等為中心，有許多業界正積極導入可再生能源方案，以展開去碳化的行動。

　　會涉及直接排放CO₂的業界要減少碳排放量並不容易。舉例來說，煉鐵業在製造過程中會大量消耗煤炭並排出大量的CO₂，這些量甚至占了日本產業部門碳排放量的4成。目前正在考慮**活用氫氣的氫氣還原技術**等替代手法，不過距離進入實用階段應該還有一段時間。除此之外，化學品製造商等也是涉及直接排放碳的業界，該如何推動這類業界的去碳化，已成為今後的課題。

◉ 難以減少碳排放量的主要業界

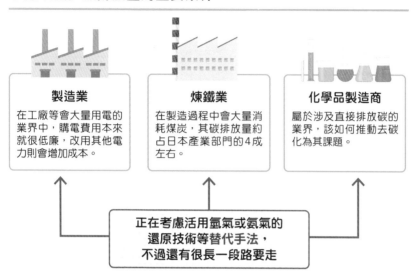

製造業

在工廠等會大量用電的業界中，購電費用本來就很低廉，改用其他電力則會增加成本。

煉鐵業

在製造過程中會大量消耗煤炭，其碳排放量約占日本產業部門的4成左右。

化學品製造商

屬於涉及直接排放碳的業界，該如何推動去碳化為其課題。

正在考慮活用氫氣或氨氣的還原技術等替代手法，不過還有很長一段路要走

◉ 邁向去碳化的技術革新

	主要要素		以去碳化為軸心的將來
汽車相關	車體・系統		電動化、自動駕駛、原料
	燃料		電力、氫氣、生質燃料
工廠相關	製程	技術革新	CCUS（參照P.98）、氫氣還原、進一步的智能化
	製品		非化石能源燃料
設備相關	熱源		電力、氫氣等
	機器		機器的物聯網（IoT）化、機器對機器（M2M）控制
電源相關	火力		CCUS、氫能發電等
	核能		次世代核反應爐
	可再生能源		蓄電×系統的革新

來源：根據日本資源能源廳的「日本的能源2019 認識能源現況的10個提問」（https://www.enecho.meti.go.jp/about/pamphlet/pdf/energy_in_japan2019.pdf）編製而成

總結	□ 改用可再生能源所產生的電力即可減少CO_2的排放
	□ 煉鐵業等業界會直接排放CO_2，去碳化為其一大課題

日本為了因應碳中和目標
所擬定的綠色成長戰略為何？

▶ 此戰略將重點支援致力於去碳化的企業

　　繼2021年4月提高了減排目標，為了達成碳中和宣言的目標，日本政府又發表了「2050年碳中和綠色成長戰略」作為配套措施。就戰略來說，**進入新的時代，應該將暖化對策視為經濟成長的機會**而非經濟成長的限制或成本。轉換既有的思維並積極執行對策，不僅會為產業結構、經濟與社會帶來變革，連帶也會帶來大幅的成長——像這種**建構「經濟與環境良好循環」的產業政策，才能實現綠色成長**。

　　另一方面，雖然有不少企業承認這樣的轉型並不容易，不過還是有很多企業認為，產業界必須徹底改變商業模式與戰略等。當中也明確記載，只要民間企業積極挑戰，在去碳化變革中活用機會、大膽投資、技術革新，政府將會全力支援，發表內容中特別提到並非利益均霑的企業支援，而是**要重點支援願意率先投入去碳化的企業**。此外，該戰略還清楚記載政府重視的14個重點領域，並表示**將針對成長可期的產業設定較高的目標，並動員所有的政策給予支持**。

　　綠色成長戰略是一個綜合性的配套方案，包含了預算措施、法規與透過金融機構來提供支援等。至於是否能把握這些機會，就只能看民間企業是否有積極的作為。

⚫ 成長可期的14個重點領域的具體目標與措施內容

汽車・蓄電池產業	・商用車方面，小型新車應於2030年達成電動車20～30%，於2040年達成電動車與去碳燃料車100%；大型車則於2030年之前，根據技術實證與氫能普及等狀況來設定2040年的目標 ・支援蓄電池的大規模投資（100GWh）、EV與FCV等的導入、充電基礎設施（15萬座）與氫氣站（1,000座）的整備、供應鏈與價值鏈的業界轉型與事業重組等 ・結合燃油效率規定的活用、電池採購規則、公共採購與已統一的FCV相關規定等各種制度上的措施，以配套方案來推行
半導體・資通訊產業	・支援功率半導體與綠色數據中心的研究開發 ・將數據中心設於日本國內並做最佳配置（整備地區新據點、拓展亞洲據點）
糧食・農林水產業	・制定「綠色糧食系統戰略」，並實現全面改用不使用化石燃料的園藝設施、減少化學農藥與肥料、擴大有機農業的耕作面積等
住宅・建築物產業與次世代電力管理產業	・加強管制措施，例如包括住宅在內的節能基準適用義務等 ・活用數位技術與市場機制等來推動並建構整合式商業與次世代電網
氫氣・氨燃料產業	・活用綠色創新基金，並以整體實證的方式，推動低價運輸技術與預計會有大量需求的氫能發電技術 ・透過燃料電池的技術開發，同時提升性能並擴大市場 ・關於氨燃料，透過技術開發、國際合作與標準化，預計到了2050年日本國內將有3,000萬噸的需求
物流・人流・土木基礎設施產業	・推動無人機物流的正式實用化與商業化 ・針對電動車提供高速公路通行費優惠
離岸風力發電・太陽能・地熱產業（次世代可再生能源）	・以離岸風力發電的技術開發為基礎，著眼於大規模的實際驗證，加快關鍵技術的開發 ・針對離岸風力發電的安全審查是否合理，必須著重在讓規範的總檢查得以務實前進 ・以2030年為目標，不斷開發具有普及潛能的次世代太陽能電池 ・推動次世代地熱發電技術的研究開發
次世代熱能產業	・透過甲烷化技術等，建構全新的熱能供應事業
核能產業	・開發提升安全性的創新技術
船舶產業	・於2025年開始對零排放船隻展開實際驗證，商業航運原本的目標設定是2028年，未來將會提前實現 ・規劃藍圖來推動內航海運的碳中和
航空產業	・研究開發電動飛機與氫動力飛機的核心技術
碳循環・原料產業	・率先制定人工光合作用技術的保安與安全基準 ・促進氫還原煉鐵法、以電熔爐煉造高級鋼與節電化等方面的技術開發
資源循環相關產業	・規劃生物塑膠的導入藍圖並推動技術開發
生活型態相關產業	・提升觀測模擬技術並推動地球環境大數據的活用

來源：根據日本經濟產業省的「『2050年碳中和綠色成長戰略』（草案）的具體化重點（概要）」（2021年6月2日）（https://www.cas.go.jp/jp/seisaku/seicho/seichosenryakukaigi/dai11/siryou2-1.pdf）編成

總結	☐ 實施可建構經濟與環境良好循環的產業政策 ☐ 動員所有政策支持綠色成長可期的產業

美國在去碳化方面
也力求第一

▶ 因川普政府而停滯，卻由拜登政府大力推動

在引導世界各國於2015年通過《巴黎協定》這件事上，當時美國歐巴馬政府的貢獻是不可小覷的。歐巴馬相當重視氣候變遷對策，還在美國國內**導入「清潔能源計畫（Clean Power Plan）」來管制火力發電廠的碳排放**等，比世界各國早一步推動去碳化。

川普則改變了這項政策的方向。他直截了當地否認氣候變遷，不僅退出《巴黎協定》，還終止清潔能源計畫，並對包括煤炭在內的化石燃料領域給予優惠待遇等，導致美國的去碳化行動實質上停滯了4年。國內則分為去碳化的推動派與反對派，自治體、大學與企業等紛紛發出「We are still in（我們仍在堅守《巴黎協定》）」的聲明等，推動氣候變遷對策的行動改以民間為中心，GAFA等企業開始獨自展開去碳化措施。

後來於2021年上任的拜登政府則延續了歐巴馬的路線。**拜登就任美國總統之後，便快速完成重新加入《巴黎協定》的程序，**並接連不斷地發表去碳化方針。其中當然包括2050年的碳中和宣言，除了設定2030年的溫室氣體要比2005年減少50～52％的目標，以及在2035年之前實現電力淨零排放，還**針對去碳化發表了巨額資金的投入計畫等，持續大力推動去碳化。**在國際方面，美國對中國的去碳化動向抱持警戒，畢竟美國非常清楚控制去碳化戰略的重要性，而且也一直有所行動。

● 美國碳中和宣言的狀況

碳中和宣言年	碳中和年限	2030年的目標
2021年1月	2050年	50～52% 減少溫室氣體 （相較於2005年）

相關目標
- 在2030年之前達到電動車占新車銷售量的50%
- 在2035年之前實現電力淨零排放

主要的相關政策
- 美國雇用計畫
- 新減排目標（NDC）

拜登就任總統後不久便實現重返《巴黎協定》。確立了全球的碳中和潮流

● 在美國推動氣候變遷對策的主要民間行動

高盛集團	於2015年之前，便已於整體事業營運及商務出差方面實現了碳中和。進一步在旗下公司的企業與數據中心積極推動節能。
通用汽車	於2021年年初發表了階段性廢除汽油車與柴油車的計畫。此外，預計於2025年之前在美國廠展開100%使用可再生能源的生產。
沃爾瑪	與美國C2 Energy Capital簽訂了46項新的太陽能發電專案，並於公司的店鋪等處安裝發電設備來供應電力。

總結	☐ 美國曾一度退出《巴黎協定》，但拜登政府又重新加入 ☐ 預計於2030年之前減少50～52%的溫室氣體

經濟成長顯著的中國
所面臨的去碳困境

▶ **在去碳產業蓬勃的背景下，以長期的眼光謀求去碳化**

　　中國在氣候變遷的協議中站在開發中國家那一方，一再主張**減少碳排放的責任應由已開發國家承擔**。這個思維的基礎，在於中國認為經濟成長應優先於氣候變遷對策。中國的溫室氣體減排目標便反映了這一點，其在本質上異於其他國家。以「**2030 年之前讓碳排放量達到巔峰值**」這項目標為例，換句話說就等同於宣告「在排放量達到巔峰值之前都不打算減少碳排放」，由此可見中國似乎無意立即減少 CO_2。此外，中國雖然提出**在 2030 年之前每單位 GDP 的碳排放量將比 2005 年減少 65％**的目標，卻是基於「GDP 成長愈多，每單位 GDP 的碳排放量將減少」的邏輯，亦可看出中國把經濟成長視為第一要務。

　　中國是目前全球第一大碳排放國，國內還有許多燃煤電廠等，去碳化也沒有進展，他們認為很難兼顧現下（短期與中期）的去碳化目標與經濟成長。另一方面，中國正在穩步投入去碳產業，太陽能板的全球市占率超過 7 成而位居第一，在風力渦輪機方面也有全球市占率名列前幾名的企業，EV 市場中也有新興勢力嶄露頭角等，堪稱是穩紮穩打的準備階段。我們也可以如此分析：中國是在去碳產業蓬勃發展的背景下，從長期角度來看，認為經濟成長與去碳兩者可以兼顧，才會發表 **2060 年實現碳中和的宣言**。我們應該要格外留意中國往後的攻勢。

◉ 中國碳中和宣言的狀況

碳中和宣言年	碳中和年限	2030年的目標
2020年9月	**2060年**	**每單位GDP減少65%**
聯合國大會的一般性討論		（相較於2005年）2020年12月，中國國家主席習近平的發言

相關目標	主要的相關政策
• 在2030年之前，將非化石燃料在一次性能源消耗中所占的比例提高至25%左右 • 在2035年之前實現新車電動化	• 中國製造2025 • 國家氣候變遷適應戰略 • 國家氣候變遷應對計畫 • 十三五控制溫室氣體排放工作方案

中國在此之前都缺乏具體的去碳化政策，故其宣言造成了莫大的衝擊，而美國則在拜登政府上任後重新加入氣候變遷對策的行列，這兩大國讓全球的去碳化走勢就此定調

◉ 中國的主要去碳方針

中華全國工商業聯合會	於2021年3月提出方案，除了太陽能發電外，還要大規模發展太陽熱能發電產業、擴展安裝太陽能發電的建築，並針對生物質鍋爐制定汙染排放基準。尚未進展到發起任何行動的階段。
中國國際貿易促進委員會	於1952年開始運作，主要是負責促進對外貿易的機構，旗下有多種行業別的分部與地方分部。在低碳化與碳中和方面，尚未進展到發起任何行動的階段。
中國石油和化學工業聯合會	17家石油化學企業與化學工業園區於2021年1月一起發表了「讓中國石油和化學工業的碳排放量不再上升的碳達峰與碳中和宣言」。

來源：根據日本貿易振興機構（JETRO）的「中國的氣候變遷對策及產業與企業的應對」編製而成

總結	☐ 中國是全球第一大碳排放國，擁有許多燃煤電廠 ☐ 中國已在太陽能板與風力渦輪機等方面展開攻勢

歐洲為了邁向去碳化
而陸續發布相關措施

　　歐洲以持續導入可再生能源的德國與核電比例高的法國等國為中心，**熱衷地投入氣候變遷對策與去碳化**，在國際上也一直主導著各種協議和協商。自從《巴黎協定》生效之後，又進一步加速了這樣的傾向。其特色是歐盟執行委員會於2021年7月公布了**國境碳稅調整措施之導入**（參照P.30）。此項措施是要根據生產過程中的碳排放量，針對來自歐洲地區以外的進口品徵收費用，以避免歐洲地區致力於去碳化的產業在競爭上劣於其他未投入的地區。名目上為推動氣候變遷對策，但實質上可說是關稅的同義詞。歐洲地區今後若進一步推動去碳化，對其地區產業有利，但是對像日本這種碳排放量大的地區卻是不利的，所以也有人將該措施視為是一種利用去碳化而有的產業保護政策。

　　此外，歐盟執行委員會還公布了一項措施，將於2035年**全面禁止銷售碳排車**。雖然之後還會針對地區內進行調整，但這項措施連碳排放量比汽油車或柴油車還要少的油電混合動力車都加以禁止，不免讓人認為是在針對日本等特定地區的產業。

　　另一方面，歐盟還採取了其他行動，例如**針對在去碳時代變得至關重要的蓄電池，提供了高額的補助金來培育產業**等。氣候變遷對策勢在必行，但是日本也必須密切關注這些表面上標榜正義，實際上卻意圖在產業競爭等方面爭奪主導權的舉動。

● 歐洲碳中和宣言的狀況

歐盟（EU）

碳中和宣言年	碳中和年限	2030年的目標	相關目標	主要的相關措施
2020年9月 《歐洲氣候法》	**2050年**	**55%** （相較於1990年） 2020年12月NDC修訂版	在2026年之前全面實施國境碳稅調整措施 在2035年之前禁止銷售汽油車與柴油車的新車	· 歐洲綠色協議 · Fit for 55(氣候變遷對策計畫)

英國

碳中和宣言年	碳中和年限	2030年的目標	相關目標	主要的相關措施
2020年12月 長期戰略	**2050年**	**68%** （相較於1990年） 2020年12月NDC修訂版	在2024年之前全面廢除燃煤發電 在2030年之前導入40GW的離岸風電 在2030年之前禁止銷售汽油車與柴油車的新車 在2035年之前相較於1990年減碳78%	· 綠色產業革命 · 編列碳預算 · 成立氣候變遷委員會（CCC）

法國

碳中和宣言年	碳中和年限	2030年的目標	相關目標	主要的相關措施
2020年11月 制定《能源與氣候法》	**2050年**	**40%** （相較於2012年）	在2022年之前全面廢除燃煤發電 在2040年之前禁止銷售汽油車與柴油車的新車	· 《能源與氣候法》 · 國家低碳戰略

德國

碳中和宣言年	碳中和年限	2030年的目標	相關目標	主要的相關措施
2020年9月 由總理梅克爾宣布，內閣會議於2021年6月決定通過《氣候保護法》修正案	**2045年**	**65%** （相較於1990年） 由財政部長蕭茲宣布	在2030年之前以可再生能源來供應總發電量的65% 在2038年之前全面廢除燃煤發電	· 《氣候保護法》 · 《氣候保護方案2030》 · 《可再生能源法》（EEG）

總結	☐ 歐洲發布了國境碳稅調整措施與新車銷售規定等 ☐ 提供高額補助金以培育蓄電池產業

東南亞意圖透過新建基礎設施來導入可再生能源

▶ 印尼等煤炭資源國的政策也大轉彎，朝去碳化邁進

　　東南亞地區的經濟成長顯著，預計能源需求將會繼續擴大。從能源的觀點來看，**首選的供應方法是可以低價購得燃料的燃煤發電**。尤其是像印尼這種可在自己國內以低價供應煤炭的資源國，火力發電便成了第一選擇。然而，這樣的國家與已開發國家不同，由於電力的基礎設施尚不完善，因此**比起更新既有的基礎設施他們更重視新設施的建設**。此外，受到可再生能源成本驟降的影響，也提高了東南亞地區透過新建設施來導入可再生能源的意願。

　　舉例來說，越南在國家電力發展計畫的草案中為了提高可再生能源的比例，公布**要在2030年之前以可再生能源來供應將近30%電力的方針**。實際上在投資方面，越南也在2020年投入了74億美元的資金，在全球可再生能源的投資額排行榜中名列第八等，政策已經轉向，朝重視去碳化的方向發展。此外，也有一些國家開始以脫離燃煤發電為目標。較具特色的便是印尼。該政府已提出去碳化方針，明確指出**除了已經規劃好的電廠外，不允許新建燃煤發電廠**等。再加上中國政府於2021年9月表明不再於海外新建燃煤發電廠，可以預見今後**東南亞也會逐漸加快去碳化行動**。此外，包括日本在內的各國企業也已將這樣的動向視為一大市場，紛紛投入戰線。今後也必須留意此一趨勢帶來的商機。

◉ 東南亞煤炭需求的前景

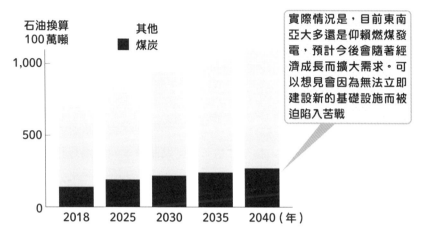

石油換算 100 萬噸

其他
■ 煤炭

1,000

500

0

2018　2025　2030　2035　2040（年）

實際情況是，目前東南亞大多還是仰賴燃煤發電，預計今後會隨著經濟成長而擴大需求。可以想見會因為無法立即建設新的基礎設施而被迫陷入苦戰

※「其他」包括石油與天然氣等
來源：根據國際能源署（IEA）的資料編製而成

◉ 東南亞正致力於脫離燃煤發電的行動

越南	印尼
天然能源優先於煤炭的方針日益明確（2020年2月）	將用了超過20年的燃煤發電轉換成天然能源（2020年1月）
孟加拉	馬來西亞・柬埔寨
供應能力過剩的問題浮出水面而重新審視電源的開發（2019年5月）	太陽能發電變得比燃煤發電還便宜（2019年、2020年）

目標是以天然能源來供應2040年之前的所有電力需求，取代約一半的燃煤發電。能源的價格正持續下降

來源：根據天然能源財團的「亞洲正在推動的脫離燃煤發電行動」（2020年4月）（https://www.renewable-ei.org/pdfdownload/activities/REI_MoveAwayFromCoalInAsia_202004.pdf）編製而成

總結	□ 東南亞透過新建基礎設施來增加可再生能源的導入量 □ 在2030年實現30％可再生能源化並禁建新燃煤發電廠等

開發中國家能否趕上
已開發國家的決策？

▶ 想兼顧經濟成長與減緩氣候變遷的開發中國家面臨兩難

開發中國家的現狀是，缺乏基本的基礎設施，而開發需求極高。如果為了滿足這些需求而整備基礎設施來活絡經濟，無論如何都會增加 CO_2 的排放。另一方面，開發中國家有不少地區較容易受到氣候變遷的影響。隨著氣候變遷加速，所造成的損害也逐年增加，採取氣候變遷對策對開發中國家而言更顯重要。因此，許多開發中國家都面臨了**「經濟成長與氣候變遷對策都很重要」的兩難局面**。

《巴黎協定》的特色在於將開發中國家也含括在內，所有締約國都要制定 CO_2 的減排目標並逐步推動相關措施，不過也有些國家連自行推動這些措施都困難重重。有鑑於這些實際情況，目前主要是由已開發國家**展開國際合作，籌措資金作為氣候資金，滿足開發中國家的開發需求，同時資助其推動氣候變遷對策**，日本也透過出資做出了貢獻。

此外，在推動去碳化的過程當中也會不斷改變開發手法。舉例來說，在電力方面，在此之前都是用配套的方式，興建發電廠並架設輸電網，再從該處將電力送至未電氣化地區。然而，**太陽能發電有一項特性，那就是即使沒有輸電網也可以提供電力給這些未電氣化地區**。日本企業與創投公司和貿易公司等也活用了這項特性，展開將電力送至未電氣化地區的業務，並以此回應開發中國家的開發需求。

開發中國家氣候變遷對策的資金推移

在締結《巴黎協定》的COP 21（2015年的第21屆締約國大會）上，宣布將延續COP 16（2010年）的《坎昆協議》（在2020年之前，每年由已開發國家調動1,000億美元的氣候資金給開發中國家），在2025年之前每年會繼續提供開發中國家1,000億美元的支援。然而，現狀是實際總額並未達到1,000億美元

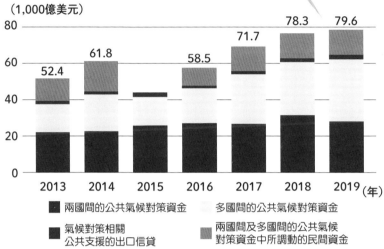

（1,000億美元）

- ■ 兩國間的公共氣候對策資金
- □ 多國間的公共氣候對策資金
- ■ 氣候對策相關公共支援的出口信貸
- ▨ 兩國間及多國間的公共氣候對策資金中所調動的民間資金

來源：根據OECD的「Climate Finance Provided and Mobilised by Developed Countries（2021）」（https://www.oecd.org/env/climate-finance-provided-and-mobilised-by-developed-countries-aggregate-trends-updated-with-2019-data-03590fb7-en.htm）編製而成

太陽能發電無須輸電網也能供應電力

照片提供：iStock／Lou Bopp

太陽能發電無須輸電網也能直接供應電力，在開發中國家較便於運用

總結

- ☐ 各國合作資助開發中國家的開發需求與氣候變遷對策
- ☐ 日本也利用新開發的去碳化手法來拓展業務

中東已著眼於去碳社會並試圖導入可再生能源

在邁向去碳社會的過程中，受到最大影響的應該是那些把產業主力放在生產與出口原油或是煤炭這類化石燃料的國家。中東在這方面的傾向尤為明顯，屬於較容易受到影響的地區。在這樣的情況之下，國際能源署（IEA）等機構已經做出預測，以長期的眼光來看，化石燃料的需求將會下降。IEA甚至預測，如今全球都在邁向碳中和，到了2030年，生產原油或天然氣的經濟圈，人均收益每年將減少75%之多。

同時，2021年出現了國際油價飆升、天然氣與煤炭的價格上漲等，一般認為這些也是去碳化過程中會發生的現象。這時正是產油國等大賺一筆的好時機。然而，一旦價格上升太多，便會促使美國再度恢復頁岩油的生產等，最終可能會奪走產油國等的市占率。因此，即便在邁向去碳社會的過渡期中迎來賺錢的好時機，OPEC plus（石油輸出國組織與夥伴國）等也必須取得微妙的平衡才行。

以長期來看，全球將會邁向去碳社會，化石燃料生產國也理解這一點，所以各國都試圖導入可再生能源等來進行轉型。此外，在舉行2021年的COP 26之前，沙烏地阿拉伯與阿拉伯聯合大公國（UAE）等中東產油國、天然氣生產國俄羅斯，以及煤炭生產國澳洲，都相繼發表了碳中和宣言，就此定調去碳化為世界性潮流。今後，這些國家將會一邊探尋中短期機會，一邊活用從中獲得的資金，來實現國內的去碳轉型。在邁向去碳化的過程中，應該還會看到不少這樣的策略。

Part

3

利用可再生能源的去碳化對策

能源產業將因碳中和
而產生變革

為了進入可再生能源市場
所引發的相關紛爭

● 從導入可再生能源中衍生出的龐大商機

　　《巴黎協定》提升了世界各國的減碳意識，讓氣候變遷對策有了進展，成本下降則帶動了可再生能源的普及，在這樣的背景下，世界各地皆已**確立去碳化為必然的趨勢，其與數位化並列為經濟轉型的項目**。在投資方面，重視環境的ESG投資（參照P.26）也蔚為主流，據說將有3,000兆日圓的巨額資金投入與去碳化密切相關的產業。

　　此外，包括日本在內的各國都將去碳化定位為成長戰略的核心，並向各個產業提供支援。因為這波趨勢形成了所謂的去碳市場。其中較具代表性的便是**可再生能源市場（再生能源市場）**。日本與各個國家皆已宣布將提高可再生能源的比例，這個狀況也意味著將會新建可再生能源的發電廠。**只要能夠參與策劃，將會帶來莫大的商機。**

　　不僅如此，倘若導入可再生能源成為國家政策，還能獲得政府的保證。日本的固定價格收購制度便是一個淺顯易懂的例子。這項制度是由國家保證以固定價格購買電力，不讓發電業者承擔導入可再生能源的風險。**有了這樣的保證，便會提高商業的可預測性**，所以國內外都有很多企業希望加入。日本也揭示了2030年要達成CO_2減量46％的目標，確定會增加可再生能源的導入量，日本的可再生能源市場預計將大規模導入離岸風力發電等，也是極具魅力的市場。不光是日本國內，連國外的可再生能源大廠也十分關注，大家都虎視眈眈地準備伺機投入。

● 各國在去碳技術的相關專利數量與關注度等的比較

能源相關產業

	離岸風力發電	氨燃料	氫能	核能
第1名	中國	美國	日本	美國
第2名	日本	中國	中國	中國
第3名	美國	日本	美國	英國
第4名	德國	德國	韓國	日本
第5名	韓國	英國	德國	韓國

家庭・辦公室相關產業

	住宅・建築與次世代太陽能	資源循環	生活型態
第1名	中國	中國	中國
第2名	日本	美國	美國
第3名	美國	韓國	日本
第4名	韓國	日本	法國
第5名	德國	法國	德國

運輸・製造相關產業

	汽車・蓄電池	半導體・資通訊	船舶	物流・人流・土木基礎設施	糧食・農林水產	航空	碳循環
第1名	日本	日本	韓國	中國	日本	美國	中國
第2名	中國	美國	中國	美國	美國	法國	美國
第3名	美國	中國	日本	韓國	韓國	中國	日本
第4名	韓國	韓國	美國	日本	中國	日本	韓國
第5名	德國	台灣	德國	德國	法國	英國	法國

> 日本在「氫能」、「汽車・蓄電池」、「半導體・資通訊」及「糧食・農林水產」這4個領域的去碳技術專利數與關注度皆獲得第一名。在「離岸風力發電」、「氨燃料」、「住宅・建築與次世代太陽能」、「生活型態」、「船舶」及「碳循環」這6個領域中也分別位居第二與第三，具備較高的競爭力

來源：根據日本資源能源廳的「透過『智慧財產權』觀察全球的去碳技術（前篇）」（https://www.enecho.meti.go.jp/about/special/johoteikyo/chizai_01.html）編製而成

總結	□ 氣候變遷對策已有所進展，使可再生能源市場受到關注 □ 有了國家的保證等，讓可預測性提高，市場參與熱絡

活用海洋的離岸風力發電

▶ 日本活用海洋國家特性來發電,造成的外溢效應甚鉅

　　世界各地都在推動可再生能源的導入,其中**在海上建造風車來發電的離岸風力發電**已形成一股新的潮流。根據國際機構的分析,離岸風力發電被視為具有成長潛力的產業,預計到了2040年全球的投資將超過120兆日圓。

　　離岸風力發電有潛力成為日本去碳化的救星。為了實現去碳社會的目標,日本必須大幅導入可再生能源,但另一方面卻**因國土狹窄,且其中大約3分之2的面積為森林等,導致可再生能源的普及受到限制**。在這樣的情況必之下,離岸風力發電受到高度關注。日本擁有全球第六大經濟海域,是世界上為數不多的海洋國家。海上沒有任何阻礙,而且日本的海洋也有不少區域擁有良好的風場,離岸風力的發電潛力極高。因此,日本政府對離岸風力發電寄予厚望,將其視為「使可再生能源成為主力電源的王牌」。此外,離岸風力發電的特色在於**事業規模達數千億日圓,且所需的零件數以萬計,對相關產業的外溢效應極大**,也是日本引以為傲的製造產業可以發揮實力的領域。

　　離岸風力發電有兩種類型,一種是將風車底座直接固定在海底的著床式離岸風力發電,另一種則是讓風車漂浮在海上的浮體式離岸風力發電,目前國際上已有進展的是在歐洲淺海等處導入的著床式發電。日本的海域大多較深,如果要採用著床式發電,適用的地點有其限制。倘若今後技術革新有所進展而使浮體式發電更為普及,日本應該就能活用其海洋國家的特性,讓去碳化腳步大幅加速。

● 離岸風力發電的型態

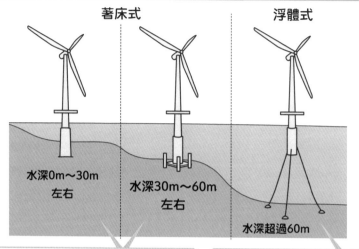

著床式　浮體式

水深0m～30m
左右

水深30m～60m
左右

水深超過60m

將風車底座直接固定在海底的方式。歐洲
淺海等處便是採用此法

讓風車漂浮在海上的方式。亦
可應用於日本的深海區

來源：根據日本新能源產業技術綜合開發機構（NEDO）的「NEDO可再生能源技術白皮書」（https://www.
nedo.go.jp/content/100544818.pdf）編製而成

● 與離岸風力發電相關的成本分類與主要作業

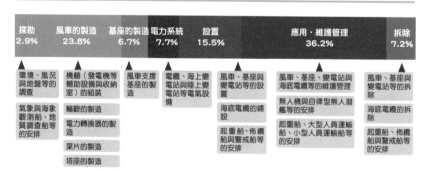

探勘 2.9%	風車的製造 23.8%	基座的製造 6.7%	電力系統 7.7%	設置 15.5%	應用・維護管理 36.2%	拆除 7.2%
環境、風況與地盤等的調查	機艙（發電機等輔助設備與收納室）的組裝	風車支撐基座的製造	電纜、海上變電站與陸上變電站等電氣設備	風車、基座與變電站等的設置	風車、基座、變電站與海底電纜等的維護管理	風車、基座與變電站等的拆除
氣象與海象觀測船、地質調查船等的安排	輪轂的製造			海底電纜的鋪設	無人機與自律型無人潛艦等的安排	海底電纜的拆除
	電力轉換器的製造			起重船、佈纜船與警戒船等的安排	起重船、大型人員運輸船、小型人員運輸船等的安排	起重船、佈纜船與警戒船等的安排
	葉片的製造					
	塔座的製造					

來源：根據日本經濟產業省的「加強離岸風力發電的產業競爭力」（2020年7月17日）（https://www.meti.
go.jp/shingikai/energy_environment/yojo_furyoku/pdf/001_03_00.pdf）編製而成

總結	☐ 在國土狹窄的日本，離岸風力的發電潛力無窮 ☐ 離岸風力發電所需的零件多，對相關產業的外溢效應也大

太陽能發電
將是主導全球去碳化的王者

▶ 使用年限與方便性皆已提升，但仍存在不穩定因素

　　世界各地迅速導入的可再生能源中，又以太陽能發電的成長幅度特別大。**太陽能發電廠比傳統的發電廠更容易建造且發電成本較低**，使太陽能成為引領全球去碳化的主角。國際能源機構也指出「太陽能將成為電力之王」等，太陽能的活用對去碳化的發展與能源的安全保障都極為重要。

　　發電成本下降這一點也影響到了日本。日本政府於2021年7月提出了試算，**預計到了2030年，新建發電廠成本最低的就是太陽能**，其在成本方面的優勢顯而易見。此外，太陽能發電的性能也會逐年提升，使用年限變長等方便性也會愈來愈好。日本今後無疑會繼續推動太陽能的導入，可說是企業與家庭都應該了解的領域。

　　另一方面，太陽能的缺點在於，**發電會受到日照量影響而有所限制**，必須追加成本讓輸出功率保持穩定。此外，太陽能板中含有鎘等有害物質，所以必須建立一套回收機制，將已屆使用年限的太陽能板回收再利用。除此之外，太陽能還存在一個不穩定因素，那就是中國在全球太陽能板的市占率高達7成以上，而它的生產疑似存在像新疆維吾爾自治區的強制勞動問題，美國政府可能對中國相關企業實施制裁等。當然，**日本也有進行次世代太陽能電池的開發等行動**，所以好好面對這些課題並加以活用變得非常重要。

◉ 全球太陽能發電累積導入量之推移

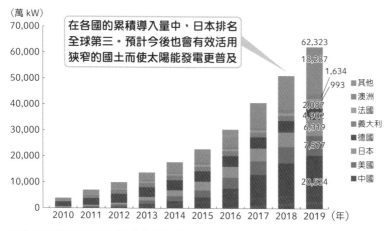

在各國的累積導入量中，日本排名全球第三。預計今後也會有效活用狹窄的國土而使太陽能發電更普及

(萬 kW)

		2019年
其他		62,323
澳洲		18,287
法國		1,634
義大利		993
德國		2,087
日本		4,902
美國		6,319
中國		7,577
		20,524

來源：根據日本資源能源廳的「令和2年能源相關年度報告（能源白皮書2021）」（https://www.enecho.meti.go.jp/about/whitepaper/2021/pdf/2_2.pdf）編製而成

◉ 太陽能發電的優點與缺點

優點

發電時不會排放 CO_2	安裝地點的限制較少
無須購買燃料來發電	可比其他發電方式更快獲得投資報酬

缺點

發電效率低，約為 20%	可發電的時段是固定的
天候造成的發電量變動難以預測	有時會破壞當地景觀

總結

☐ 新建太陽能發電廠的成本低，日本勢必增加導入量
☐ 存在容易受日照量影響的缺點與建立回收機制等課題

為活用全球第三的地熱資源，日本正推動技術革新與修法

● 在成本與熱源探勘上有所限制，但以輸出功率穩定著稱

輸出量會隨著自然條件而波動的缺點是可再生能源的特徵之一，不過**地熱發電以穩定的輸出功率著稱**。地熱是一種從地下深處的地熱貯留層中汲取熱水或是蒸氣來轉動渦輪機的發電方式，所以有無熱源至關重要，而**日本擁有的地熱蘊藏量排名全球第三，僅次於美國與印尼**。一般認為只要能活用這些熱源，無論在去碳化或電力供應方面都會往前邁進一大步。

地熱發電乍看之下是一種充滿潛力的發電方式，但目前仍有各種限制。其一為開發成本。現狀是為了探勘地熱貯留層所進行的鑽探作業，每挖掘一條通道就要花費數億日圓，有時結果卻是「經調查並無熱源」。此外，即便確定有熱源，也有可能因為熱水量不足而不適合發電，結果可能「不足以商業化」。不僅如此，還有熱源位於國立公園內等處，或是受到當地居民反對而無法開發等限制，因此目前**地熱發電僅占日本國內總發電量的0.3%**。

然而，現今技術革新日新月異，不但全球的熱源探勘技術有所提升，針對熱水量不足的問題還開發出由地上注水的方式等。此外，行政方面也透過修法等來改善制度，相關限制正在逐漸減少。雖然還有很多課題有待克服，但是未來地熱或許有望支撐日本的去碳化。

◉ 全球的地熱資源量與地熱發電導入量

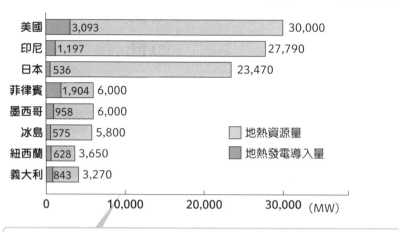

美國	3,093	30,000
印尼	1,197	27,790
日本	536	23,470
菲律賓	1,904	6,000
墨西哥	958	6,000
冰島	575	5,800
紐西蘭	628	3,650
義大利	843	3,270

□ 地熱資源量
■ 地熱發電導入量

0　　　10,000　　　20,000　　　30,000 (MW)

日本擁有的地熱蘊藏量排名全球第三，但是初期成本高昂，所以開發停滯不前。預計今後會有效活用狹窄的國土而使地熱發電愈來愈普及

來源：根據日本新能源產業技術綜合開發機構（NEDO）的「NEDO可再生能源技術白皮書」（2014年）
　　　（https://www.nedo.go.jp/content/100544822.pdf）編製而成

◉ 地熱發電的優點與缺點

優點

| 發電時幾乎不會排放 CO_2 | 無能源枯竭之虞 |
| 發電量不會受到天候或季節左右 | 日本擁有豐富的地熱資源 |

缺點

| 發電效率較低，約為 20% | 調查準確度低，開發風險高 |
| 建設成本高，成本效益為一大課題 | 適合發電的地點多位於國立公園或溫泉地 |

總結

□ 日本擁有的地熱蘊藏量排名全球第三
□ 透過技術革新與修法等，已降低熱源探勘的難度

生物質發電可達成去碳化？

▶ 有些人對此發電法的碳排放與森林砍伐等持否定意見

可再生能源中，使用陽光或風力等進行發電時不會排放碳。另一方面，**生物質發電是燃燒取自生物的燃料來發電，所以會排放碳**。因此，應該以碳中和（參照P.12）的角度來思考生物質發電中的一連串循環。生物質發電是在發電時使用取自生物的資源，假如是採用木質生物質，就要因應採購的木材量進行植木造林等。只要加以栽培，這些樹木便會在成長的過程中吸收大氣中的CO_2，將CO_2固化於內部。**透過這樣的循環，大氣中的CO_2就不會增加，換言之，此即碳中和的概念。**

另一方面，對於這種想法也有不少的批評意見，**有人對生物質發電會伴隨碳排放而持否定意見**，也有人質疑用於發電的木材是否可以透過植木造林恢復？為了生物質發電而砍伐林木對環境是否有益？以及原生林等是否難以恢復等。歐洲也出現指責聲浪，認為不應該認定在森林保護區裡砍伐擁有豐富多樣性的原生林後還可以再生，這樣的思維也有可能成為國際的標準說法。

除此之外，日本還必須面對另一項課題，那就是日本國內木質生物質的供應量有限，若要擴大生物質發電，就**必須仰賴進口資源**。我們不難想像，今後日本在面對這些課題時，必須逐一探討該如何有效運用國內的資源。

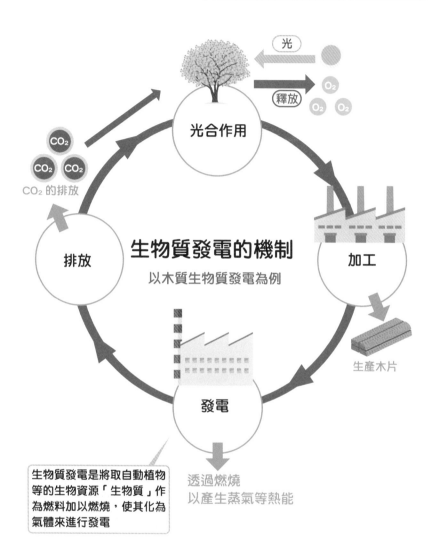

總結	☐ 生物質發電是透過CO_2的循環來避免CO_2的增加
	☐ 存在著資源採購、森林砍伐與再生可能性等課題

日本將舉國投入氫能開發

▶ 不會排放碳而可取代化石燃料，但成本高昂

　　在去碳化時代，**氫能是日本傾力投入的領域之一**。氫氣在化學反應的過程中會產生能量，但和化石燃料不同的是，不會排放出二氧化碳。此外在煉鐵業中，煤炭的使用已成一大課題，不過還有一個方式是**使用氫氣替代煤炭來煉鐵的氫氣還原法**。從這個角度來看，氫氣被視為化石燃料的替代物質而受到關注。地球上存在著大量氫氣也是一大優點。此外，只要有水與電力即可生成氫氣，因此當可再生能源的發電量較多時也可儲存能量，作為電池的替代品來用。

　　然而，還有一些尚待解決的課題。其一是**氫氣為可燃性氣體而較難處理**，比這點更難克服的則是成本層面。氫氣按生成方式又可分為數種類型，包括從化石燃料中提取而會排放二氧化碳的褐氫、在以化石燃料製氫的過程中加入碳捕捉和碳封存技術所生成的藍氫，以及使用可再生能源產生的電力所生成的綠氫等，**每一種的成本都很高昂**。與目前的液化天然氣等相比，想要提高市場競爭力的話，就必須將成本降低至10分之1左右的水準。此外，綠氫還有一個耗損量過大的缺點，那就是在生成氫氣並再度從中產生能量的過程中，會損失超過一半的能量。當然，這項領域的創新與發展前景可期，只要繼續推動去碳化，可再生能源的價格自然會下降，氫氣的價格也會隨之降低，所以這個領域的重要性還是會不斷提高。

● 氫氣與燃料電池利用的相關目標與對策

FCV	氫氣站	FC 公車
在2025年達到20萬輛 在2030年達到80萬輛	在2025年達到320座 在2030年達到900座	在2030年達到 1,200輛
▼	▼	▼
透過規制改革與技術 開發來降低 FCV 的 價格與運用成本	擴充全國網絡、 擴大週末營業並 降低設備與營運費用	因應公車數量 來擴大氫氣站， 並降低車輛的價格

氫能發電	燃料電池
在2030年實現 商業化	儘早降低製造成本
▼	▼
開發燃燒器等 提升純氫能發電的 發電效率	透過技術開發來降低 業務與產業用 燃料電池的製造成本

來源：根據日本資源能源廳的「氫氣・燃料電池戰略藍圖」編製而成

● 氫氣應用所面臨的主要課題

技術	成本
燃料電池技術為 氫氣應用之核心， 但其耐用性與可靠度尚低	目前在製造、運輸 與儲存等方面耗資較多

制度	基礎設施
以在產業與日常生活中 使用為前提， 制度的擴充不夠完善	氫氣站的整備與擴增等， 氫氣的供應系統 尚未確立

總結

☐ 亦可用氫氣來煉鐵，在反應過程中不會排放二氧化碳
☐ 若要提高市場競爭力，必須將成本降為10分之1

在綠色成長戰略中
備受重視的氨氣

● 在運輸氫氣或作為能量來源方面的作用備受期待

　　氨氣與可再生能源、氫氣並列為熱門話題。目前全世界的氨氣用途，約有8成用於肥料，其餘2成則用於工業，一般認為在今後的去碳社會中，氨氣會肩負起以下兩大作用。其中一項作用是**氫氣的運輸技術**。P.74已經說明氫氣有可能對去碳化做出貢獻，但若要讓氫氣在世界各地流通，那就還有運輸技術上的課題要面對。另一方面，氨氣是由氮氣與氫氣所構成，屬於相當穩定的物質，且已確立安全的運輸技術。因此，目前正在研究將難以大量運輸的**氫氣轉換成已經確立運輸技術的氨氣來運送，再於使用現場轉換回氫氣**的手法，日本企業也已投入氨氣運輸的研究。

　　另一項作用則是作為能量來源。氨氣本身亦可透過燃燒來提取能量，而且過程中不會排放二氧化碳。一般認為目前還很難單獨以氨氣作為能量來源來發電，不過**在燃煤發電中混入氨氣來燃燒的混燒技術**仍在持續開發，唯有混燒的部分可抑制碳排放。日本的現狀是火力發電的比例較高，必須減少來自這部分的碳排放，因此在綠色成長戰略的記述中，也把著眼於這項特性的氨氣運用視為重要課題。雖然有成本仍然很高等課題有待解決，但是在邁向去碳化的過渡期中，氨氣似乎可以發揮更大的作用。

◉ 氨氣的用途（2012年）

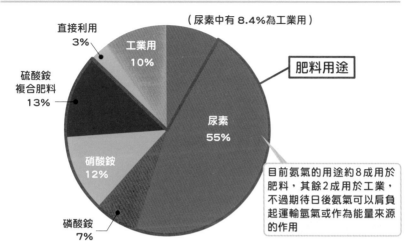

（尿素中有 8.4%為工業用）

直接利用
3%

工業用
10%

硫酸銨
複合肥料
13%

尿素
55%

硝酸銨
12%

磷酸銨
7%

肥料用途

目前氨氣的用途約8成用於肥料，其餘2成用於工業，不過期待日後氨氣可以肩負起運輸氫氣或作為能量來源的作用

來源：根據日本資源能源廳的「氨氣將成為『燃料』?!（前篇）～近在眼前卻不為人知的氨氣用途」（2021年1月15日）（https://www.enecho.meti.go.jp/about/special/johoteikyo/ammonia_01.html）編製而成

◉ 燃煤發電中，氨氣的混燒與專燒之比較

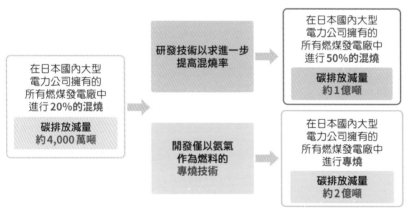

在日本國內大型電力公司擁有的所有燃煤發電廠中進行20%的混燒

碳排放減量
約4,000萬噸

研發技術以求進一步提高混燒率

在日本國內大型電力公司擁有的所有燃煤發電廠中進行50%的混燒

碳排放減量
約1億噸

開發僅以氨氣作為燃料的專燒技術

在日本國內大型電力公司擁有的所有燃煤發電廠中進行專燒

碳排放減量
約2億噸

來源：根據日本資源能源廳的「氨氣將成為『燃料』?!（前篇）～近在眼前卻不為人知的氨氣用途」（2021年1月15日）（https://www.enecho.meti.go.jp/about/special/johoteikyo/ammonia_01.html）編製而成

總結

☐ 目前正在研究將氫氣轉換成氨氣的運輸技術
☐ 透過將氨氣混入燃煤發電中燃燒的混燒技術來抑制碳排放

核能發電會再度復活嗎？

　　自 2011 年的福島第一核電廠事故以來，日本的能源政策不得不轉型。至於核電的重啟，**目前也因為無法獲得國民的理解而沒有太大的進展。**

　　為了達成在 2030 年之前讓溫室氣體排放量比 2013 年度減少 46% 的目標，必須從電力方面大幅減少碳排放，日本目前有 7 成以上都是仰賴火力發電，有必要從根本解決問題。然而，要透過增設新的可再生能源讓電力系統大幅減碳是不切實際的事。

　　核能發電在發電過程中不會排放出二氧化碳，從這個角度來看，**在去碳化方面具有整合性**，此外，有別於太陽能發電和風力發電，它的電力輸出十分穩定，因此**從穩定供電的觀點來看也有它的優點。**此外，因為日本國內已經有核能發電的設備，只須重新啟動，不需要投資設備即可立即發電，執行起來相對容易。日本政府也基於這些優點宣布了相關措施：以重啟為前提，預計在 2030 年之前**將核能發電的比例提高至 20 ～ 22%**。此外，研究開發方面也被寄予厚望，除了推動高速爐的研發與小型模組化反應爐技術的實際驗證外，還提出將致力於研發核融合的方針等。目前已提出的整體方針是以安全性為第一優先，除了力圖擴大可再生能源外，還要盡可能降低對核電的依賴度。然而，日本政府目前似乎打算從去碳化的角度切入，**往重啟核電的方向進行討論。**

● 核能發電的優點與缺點

<table>
<tr><td rowspan="2">優點</td><td>發電時幾乎不會排放
CO₂</td><td>相對於發電量，
所需面積較小</td></tr>
<tr><td>發電成本較為低廉</td><td>可穩定供應燃料</td></tr>
<tr><td rowspan="2">缺點</td><td>用完的燃料處理
為一大課題</td><td>事故發生時會招致
重大災害</td></tr>
<tr><td>為了落實安全對策
導致發電成本上揚</td><td>拆除發電廠需要
龐大費用與漫長時間</td></tr>
</table>

※優點欄第一項為「發電時幾乎不會排放 CO_2」

● 日本核能發電廠的狀況（截至2021年9月28日）

10 東京電力 柏崎刈羽核能發電廠 ❶❷❸❹❺❻❼
11 北陸電力 志賀核能發電廠 ❶❷
12 日本原子力發電 敦賀發電廠 ❶❷
13 關西電力 美濱核電廠 ❶❷❸
14 關西電力 大飯核電廠 ❶❷❸❹
15 關西電力 高濱核電廠 ❶❷❸❹
16 中國電力 島根核能發電廠 ❶❷❸
17 九州電力 玄海核能發電廠 ❶❷❸❹
18 九州電力 川內核電廠 ❶❷

●運作中的反應爐　　　10座（※1座停運中）
●已獲得核子反應爐設置變更許可的反應爐
　7座
●新管制基準適切性審查中的反應爐　10座
●未申請適切性審查的反應爐　　　　9座
●決定停止運作的反應爐　　　　　　24座

1 北海道電力 泊核能發電廠 ❶❷❸
2 電源開發 大間核電廠 ◐
3 東北電力 東通核電廠 ❶
3 東京電力 東通核電廠 ①
4 東京電力 女川核電廠 ❶❷❸
5 東京電力 福島第一核電廠 ❶❷❸❹❺❻
6 東京電力 福島第二核電廠 ❶❷❸❹
7 日本原子力發電 東海第二核電廠 ◐◐
8 中部電力 濱岡核電廠 ❶❷❸❹❺
9 四國電力 伊方核能發電廠 ❶❷❸ ※

來源：根據日本資源能源廳的「核能發電廠的現狀」（截至2021年9月28日）（https://www.enecho.meti.
　　　go.jp/category/electricity_and_gas/nuclear/001/pdf/001_02_001.pdf）編製而成

總結	☐ 核能發電不會排放二氧化碳且可穩定供電 ☐ 日本預計在2030年之前將核電比例提高至20～22%

可產生龐大能量的核融合發電的潛能

　　核融合反應被視為未來的發電方式，因而經常成為熱門話題。所謂的核融合反應，是指帶有氫或氦等小原子核的原子或與其同位素的原子核彼此融合而產生能量的一種反應。太陽應該是比較容易想像的具體例子。太陽內部會持續不斷地發生核融合反應，且其能量會傳送至地球。實際上，並非只有太陽會發生核融合反應，許多在宇宙中綻放光輝的恆星都是以核融合反應作為能量來源。核融合發電便是以人工方式製造出會產生這種龐大能量的反應，並將其用於發電。因為這些特性，核融合發電又被稱為在地球上打造太陽的研究。

　　一般認為核融合發電與核能發電不同，不會產生如核分裂般的連鎖反應，以原理來說是不會造成失控的情形。此外，海水中富含引發核融合反應所需的資源也是它的優點之一。不僅如此，核融合發電也和核能發電一樣，過程中不會排放CO_2，因此也有助於實現去碳化。只不過仍有許多待解決的課題。

　　核融合反應和核分裂反應有所不同，在技術上很難讓核融合反應持續進行，只要稍有狀況都會讓核融合反應停止。此外，在核融合反應的過程中會產生中子，一般認為這些中子會讓核融合反應爐的牆壁或建築物等帶有放射性。換句話說，這可能會讓建築物本身變成低放射性廢棄物。即便放射性低，仍是有害的，預計需要30年左右的冷卻期，處理這些低放射性廢棄物所需的費用與環境汙染對策等，也是它必須面對的一大課題。這些仍處於研究開發階段，可能還需要一段時間才能實用化。

Part

4

電動化與蓄電池開發等應對之策

運輸與製造產業的
去碳化及加強
競爭力的戰略

日本在這場全球汽車大戰中已經落後？

◉ 日本必須透過EV轉型來扭轉局面

在去碳化過程中，減少運輸部門的CO_2排放成了課題之一，因而出現有關汽車電動化的論點。在定義上，**以電能為動力來行駛的汽車即為電動車**，較具代表性的便是電動汽車（EV），不過油電混合動力車也被歸為電動車。油電混合動力車主要裝載著以汽油驅動的引擎和以電力驅動的馬達。舉例來說，將行駛等時候所產生的電力儲存在電池中，再利用那些電力來驅動馬達。透過引擎與馬達的並用來提高燃油效率，比起汽油車還可減少碳排放量。

要邁向去碳社會，**包含油電混合動力車在內的汽車電動化至關重要**，電動化已然成為世界潮流。然而，歐洲基於油電混合動力車也會排放碳的理由而不允許銷售新車（參照P.56）。因為這些影響，**EV在近幾年急速擴張**。美國電動車製造商特斯拉以全球第一的銷售額傲視群倫，歐洲各企業在EV的銷售上也猛追在特斯拉之後。在中國，不用50萬日圓（約新台幣12萬元）即可購得的「宏光MINI EV」銷量火紅，還出現了新興的EV製造商等，EV戰線正處於群雄割據的狀態。

相對於此，日本的日產汽車雖然開發出全球首款量產型EV，卻因為油電混合動力車的實力堅強而**較晚進入EV市場**。現在日本企業也開始備齊EV的商品陣容，期待能就此扭轉局面。

▶ 電動汽車（EV）銷售數量的推移

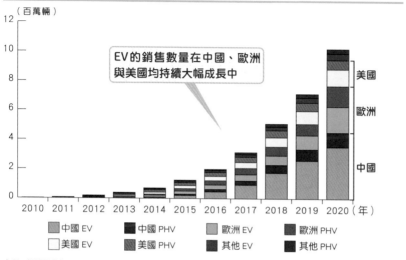

（百萬輛）

EV的銷售數量在中國、歐洲與美國均持續大幅成長中

美國
歐洲
中國

- 中國 EV
- 中國 PHV
- 歐洲 EV
- 歐洲 PHV
- 美國 EV
- 美國 PHV
- 其他 EV
- 其他 PHV

來源：根據國際能源署（IEA）的「Trends and developments in electric vehicle markets」（https://www.iea.org/data-and-statistics/charts/global-electric-passenger-car-stock-2010-2020）編製而成

▶ 電動汽車（EV）主要製造商的動向

日本製造商

日產汽車

全球首款量產型EV「Leaf」在日本國內的市占率約為9成。直到2020年3月被特斯拉的「Model 3」超越之前，銷售數量號稱全球第一（50萬輛）。日產汽車力圖扭轉局面，並於2021年推出定位為全球戰略車的Crossover EV「Ariya」。

豐田汽車

於2020年推出2人座的超小型EV「C+pod」，並預計於2022年推出個人專用車款。目標是在2030年之前銷售800萬輛電動車（其中EV與FCV占200萬輛）。

國外製造商

特斯拉

為EV的龍頭製造商，「Model 3」於2021年2月大幅降價，松下電器在6月以高價出售該公司的股票等，成為大家議論不斷的話題。

上汽通用五菱汽車

在中國勢力日增的平價EV製造商。車款價格低於50萬日圓（約新台幣12萬元），在中國國內有超越特斯拉之勢。

總結
- ☐ 為了邁向去碳化，汽車的電動化潮流已然成形
- ☐ EV快速擴張，美國、歐洲與中國的競爭轉趨白熱化

你買的下一輛車
可能是EV（電動汽車）

> **雖然有充電的難題，但自宅與防災等皆可利用其電力**

隨著電動化的發展，車輛的選擇性變多了，不僅有EV，還有搭載外部充電功能的插電式混合動力車（PHV），以及透過氫氣的化學反應取得電力的燃料電池車（FCV）等。各有各的特色，不過**EV具有行駛費用低廉**的優點。舉例來說，以目前油價與電費的條件來看，EV的電費會比汽油車的燃料費便宜。雖然也有車種有限與價格高昂的問題，不過近年來這些問題已逐漸解決，政府也提供了EV購車補助金等，**初期成本愈來愈低**。此外，**續航里程也已提高，充飽電後可行駛超過400km**的車型也不在少數。

然而，充電問題是其缺點之一。雖然透過快速充電已經縮短了充電時間，但**充飽電至少也要30分鐘左右**。此外，充電站的設置也不足。以住在都市集合住宅的情況為例，很難在自宅充電，所以會更不方便。另一方面，如果是住在獨棟住宅，只要設置充電設備就可以在家充電。而只要安裝名為V2H（Vehicle to Home）的機器，便能**將儲存於汽車中的電力供應給自宅**。

EV既可作為移動工具，亦可充當蓄電池，在防災方面也能有效利用，尤其是在自宅進行太陽能發電的情況下格外有利。輕型EV預計在2022年登場，很有可能會以地方為中心逐漸普及開來。

◉ 次世代汽車燃油效率之比較

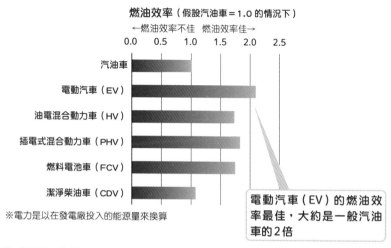

燃油效率（假設汽油車＝1.0 的情況下）

←燃油效率不佳　燃油效率佳→

0.0　0.5　1.0　1.5　2.0　2.5

汽油車

電動汽車（EV）

油電混合動力車（HV）

插電式混合動力車（PHV）

燃料電池車（FCV）

潔淨柴油車（CDV）

※電力是以在發電廠投入的能源量來換算

電動汽車（EV）的燃油效率最佳，大約是一般汽油車的2倍

來源：根據日本環境省的「何不嘗試選擇環保車？」（https://ondankataisaku.env.go.jp/coolchoice/kaikae/ecocar/）編製而成

◉ V2H的機制

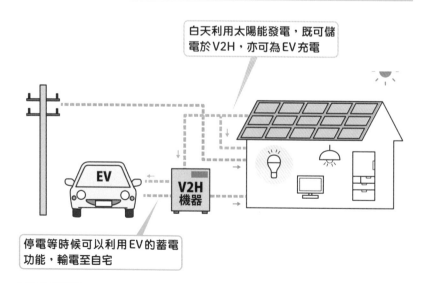

白天利用太陽能發電，既可儲電於V2H，亦可為EV充電

EV

V2H
機器

停電等時候可以利用EV的蓄電功能，輸電至自宅

總結	☐ EV的行駛費用低廉且續航里程持續提高 ☐ 充飽電需要30分鐘以上且充電設備少等課題有待克服

唯有日本把燃料電池車
當作補救措施？

● 各國開始關注FCV的長途運輸優勢

日本很早就開始致力於氫氣的活用（參照P.74）。其中較早採取行動的是豐田汽車。該公司憑藉著油電混合動力技術為減碳做出貢獻，還進一步放眼未來，傾力研究**利用氫氣的化學反應取得電力、行駛過程中不會排放CO_2的FCV**（參照P.84）。並自2014年起開始銷售「MIRAI」。

FCV的運作機制是從搭載於汽車內部的儲氫罐提供氫氣給燃料電池，接著再透過氫氣在電池內部產生的化學反應來生成電力與水。FCV便是利用這些電力驅動馬達來行駛。**行駛過程中會排出水而非CO_2**。

在去碳社會中，EV也是汽車的選項之一，不過EV的缺點是續航里程尚未達到汽油車的水準，而且充電較為耗時。另一方面，有些FCV單次充電的續航里程可超過1,000km，還有一項特性是**在氫氣站的充電時間較短，大約3分鐘即可完成**。

然而，EV的難題在於充電站的普及率，**FCV也同樣面臨供氫基礎設施這項課題**。日本國內設置的氫氣站數量有限，FCV的普及也沒有進展。此外，FCV在國際上並未作為轎車普及開來，不過**適合長途運輸這點則受到關注**。不僅歐洲開始將氫氣活用在公車與貨車上，中國也展現出努力將氫氣運用於中長途運輸的姿態。看來FCV會透過活用於中長途運輸而逐漸滲透到社會大眾的生活之中。

◉ 日本氫氣站的設置狀況

截至2021年9月，全日本已有155處設有氫氣站。目標是在2025年之前增加至320座

中京圈
45
首都圈
58
其他地區
20
九州圈
14
關西圈
18

來源：根據次世代汽車振興中心的「氫氣站整備狀況」（http://www.cev-pc.or.jp/suiso_station/）編製而成

◉ 燃料電池車（FCV）的運作機制

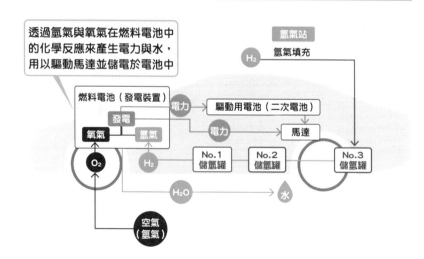

透過氫氣與氧氣在燃料電池中的化學反應來產生電力與水，用以驅動馬達並儲電於電池中

氫氣站
氫氣填充
H_2

燃料電池（發電裝置）
發電
氧氣　氫氣
O_2　H_2

電力　→　驅動用電池（二次電池）
電力　→　馬達

No.1儲氫罐　No.2儲氫罐　No.3儲氫罐

H_2O　→　水

空氣（氧氣）

來源：根據豐田汽車的「豐田的氫燃料電池電動車（FCEV）MIRAI與氫氣的FAQ」（https://toyota.jp/mirai/station/faq/index.html）編製而成

總結	□FCV上搭載著燃料電池，透過氫氣與氧氣來產生電力 □供氫基礎設施為一大難題，但適合長途運輸

蓄電池的技術突飛猛進

● 對EV高性能化的高要求促使技術不斷進步

在去碳化的潮流中，隨著擴大使用可再生能源，在各種領域中都能看到商業的變革與技術的進步，又以**蓄電池領域的發展最為快速**。其中，裝載於EV上的車載式蓄電池，除了要能產出汽車所需動力的高輸出力，同時還必須符合安全要求。甚至為了進一步提高目前仍是難題的續航里程，還需要提高電池的密度。為了因應來自汽車製造商的高要求，蓄電池製造商正竭盡全力地進行開發。

在車載式蓄電池的領域當中，以**中國的寧德時代（CATL）與韓國LG的市占率較高，松下電器則與其並駕齊驅**。松下電器與美國的電動車製造商特斯拉攜手合作，在回應特斯拉的高要求並支持其飛躍性發展的同時，松下電器也不斷磨練自身在蓄電池方面的競爭力。此外，松下電器還加強與豐田汽車的合作，**雙方合資成立專門從事蓄電池的企業**，松下電器今後的動向值得矚目。

不只汽車有蓄電池的需求。由於可再生能源的發電量會隨著自然條件而波動，容易對電力系統造成負擔，因此**穩定可再生能源的電力輸出**成為一大課題，而蓄電池可以發揮穩定電力輸出的作用。此外，在企業或醫院等處發生緊急狀況時，蓄電池可以作為備用電源等，從防災的角度來看也備受重視。歐洲也傾政府之力在支援蓄電池領域的發展（參照P.56），看來國際競爭似乎會趨向白熱化。

● EV用蓄電池的全球市占率（2021年1～8月）

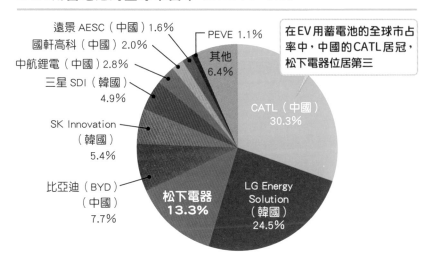

遠景 AESC（中國）1.6%
國軒高科（中國）2.0%
中航鋰電（中國）2.8%
三星 SDI（韓國）4.9%
PEVE 1.1%
其他 6.4%

在EV用蓄電池的全球市占率中，中國的CATL居冠，松下電器位居第三

CATL（中國）30.3%

SK Innovation（韓國）5.4%

比亞迪（BYD）（中國）7.7%

松下電器 13.3%

LG Energy Solution（韓國）24.5%

來源：筆者根據SNE Research的「Global EV Battery Installation in Jan～August 2021」（2021年10月15日）編製而成

● 蓄電池的主要優點與缺點

優點	
停電時也有電可用	可節省電費
可過著兼顧環境的生活	可為EV充電

缺點	
只能使用 10 ～ 15 年	蓄電量有限
必須確保設置場所	初期成本高

總結
□ 蓄電池對EV的高輸出力與可再生能源的穩定化等很重要
□ 松下電器與特斯拉及豐田汽車攜手合作

全球的半導體需求擴大，
對能源效率化有所貢獻

● 去碳領域對負責控制電力的半導體也有高度需求

　　說到「半導體」，應該有不少人會聯想到用於電腦等電子機器的晶片，不過半導體在去碳領域也非常重要。在不斷數位化的現代，由於增設會大量用電的數據中心等而使耗電量大增，因此必須提升能源使用效率。目前已知，**半導體的性能提升有助於提高能源使用效率**。

　　此外，半導體有各種類型，除了執行CPU與記憶體等運算的半導體外，還有**用以控制或供應電力的半導體**等。在去碳化的過程中，連汽車也在朝電動化發展，而愈是電動化，對車載式半導體的需求就愈高。在這樣的背景下，全球對半導體的需求也在增加。不僅如此，各國為了從新冠肺炎疫情中振興經濟也使半導體的需求擴增，結果導致全球供不應求而陷入半導體短缺的窘境。預計今後還會同步發展數位化與去碳化，因此對產業界而言，為了順應時勢，必得確保半導體的穩定供應才行。

　　不只美國的**英特爾進行巨額的設備投資來投入增產**，台灣以晶圓代工企業聞名的**台積電（TSMC）也宣布增資**。日本方面，包括半導體材料製造商在內，也相繼公布將投資設備或進行增資。無論是國家還是企業，如何滿足持續增加的半導體需求也變得愈來愈重要。

● 需要半導體的主要領域

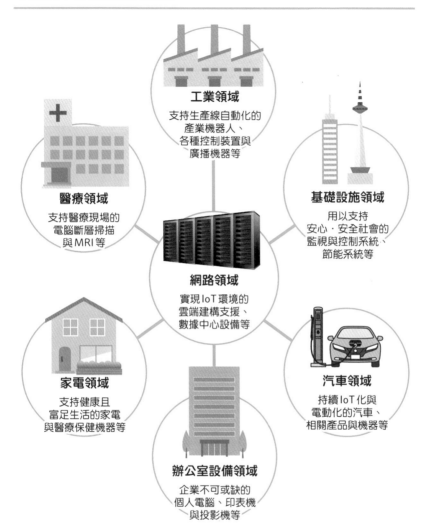

總結	☐ 要實現去碳化，電動化勢在必行，半導體的需求也會擴大
	☐ 英特爾等企業宣布增資，日本也必須扭轉局面

對資通訊產業的高電力需求所採取的對策

◉ 將持續增加的電力消耗轉為可再生能源所產生的電力

不僅限於資通訊業與製造業，數位化正在改變所有產業的基礎。隨著數位化的發展，**數據通信量正在逐年增加，近3年來已增加大約200%**。另一方面，數據通信量的增加也連帶使得電力消耗量增加（參照P.90）。較具代表性的是數據中心。

數據中心除了CPU、記憶體與HDD等IT機器所使用的電力外，用來驅散這些機器所散發出的熱能的空調等也會耗費大量電力。位於日本的**數據中心所消耗的電量，目前占日本總電力消耗量的1～2%**。今後隨著AI與大數據等的活用，預估數據通信量還會進一步快速增加，此外，正式迎來5G時代之後，這樣的趨勢會變得更加顯著。在這樣的背景下，**今後該如何滿足逐漸增加的電力需求**也是氣候變遷對策的一環，這是全球必須直接面對的課題。

為了解決這項課題，國外正以GAFAM為中心，積極地展開行動，**將數據中心所用的電力改成可再生能源所產生的電力**。尤其是向發電業者直接購買PPA（購售電合約→參照P.32）所取得的可再生能源，已經成為國外資通訊業的趨勢之一。

在日本方面，Amazon也宣布將與三菱商事合作，透過PPA從日本國內超過450座太陽能發電廠取得可再生能源等，此動向對日本國內造成了不小的影響。今後應該還會繼續傳出這樣的消息。

◉ 固定制頻寬用戶的數據通信量之推移

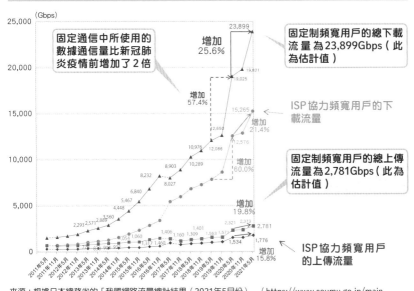

固定通信中所使用的數據通信量比新冠肺炎疫情前增加了2倍

固定制頻寬用戶的總下載流量為23,899Gbps（此為估計值）

ISP協力頻寬用戶的下載流量

固定制頻寬用戶的總上傳流量為2,781Gbps（此為估計值）

ISP協力頻寬用戶的上傳流量

來源：根據日本總務省的「我國網路流量總計結果（2021年5月份）」（https://www.soumu.go.jp/main_content/000761096.pdf）編製而成

◉ Amazon採購可再生能源的機制

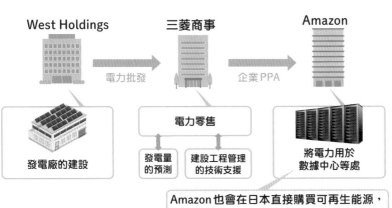

West Holdings　　三菱商事　　Amazon

電力批發　　　企業PPA

發電廠的建設

電力零售

發電量的預測　　建設工程管理的技術支援

將電力用於數據中心等處

Amazon也會在日本直接購買可再生能源，用於供應數據中心的電力

總結
- ☐ 隨著數據通信量的增加，預估電力需求將會持續增加
- ☐ GAFAM等積極採取行動，改用可再生能源所產生的電力

船舶與航空業界皆一致
往碳中和的方向邁進

> **▶ 透過燃料船的效率化與燃料的轉換等致力於減排**

　　去碳化基本上是由各國根據自己國家的目標來努力減少碳排放，但是**有些領域不適用各國減排對策的框架，較具代表性的是國際海運與國際航空**這兩個領域。兩者在全球碳排放量中各占了約2%，合計則超過日本的總排放量，成了減排的一大課題。目前海運業正在進行評估，試圖在過渡期間**用LNG（液化天然氣）燃料船的高效率化等來減少碳排放**，日本的日本郵船與商船三井等也已宣布他們加入了此一行列。此外，目前也在進行研究開發，使用氫氣或氨氣這類不會排放CO_2的氣體作為替代燃料，不過距離進入實用階段應該還有一段時間。

　　另一方面，航空業則正在摸索**如何將來自植物的原料製成抑制碳排放的燃料，並活用在永續航空燃料（SAF）上頭**。具體來說，就是使用眼蟲藻或取自植物的廢棄食用油等作為燃料，藉此來實現碳中和。目前正以歐洲為中心持續在做這方面的努力，例如芬蘭的能源企業NESTE等正致力於SAF的商業化，還將SAF用於世界各地超過25萬個航班上，可見SAF的活用仍持續擴大中。

　　日本的生技公司Euglena也在2021年6月，讓提取自眼蟲藻的SAF進入實用階段，並宣布將從2025年開始量產25萬公秉，展現追隨之舉。此外，在航空公司方面，日本航空與全日本空輸皆已規劃要擴大利用SAF，**SAF的運用在航空業界正逐漸成為主流**。

▶ 藻類燃料等的活用

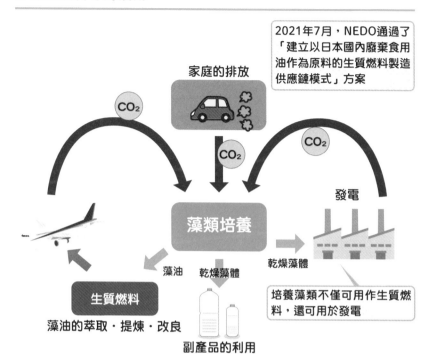

2021年7月，NEDO通過了「建立以日本國內廢棄食用油作為原料的生質燃料製造供應鏈模式」方案

家庭的排放

CO₂

CO₂

CO₂

發電

藻類培養

乾燥藻體

藻油　乾燥藻體

生質燃料

藻油的萃取・提煉・改良

副產品的利用

培養藻類不僅可用作生質燃料，還可用於發電

來源：根據日本新能源產業技術綜合開發機構（NEDO）的「生質燃料生產技術開發事業」（https://www.nedo.go.jp/activities/ZZJP_100127.html）編製而成

▶ 航空業界透過SAF的使用來實現去碳化

| 原料的收集 | 燃料的製造 | 原料的收集 | 利用 |

收集廢棄體用油

開發智能化收集系統・進行實際驗證

設計並建設統合全體事業的裝置

運作提供用地的服務、產品的混合

產品的運輸・供應

REVO International　小田急電鐵　日揮控股　科斯莫石油公司　科斯莫石油公司

具有減碳效果的SAF（Sustainable Aviation Fuel）已有望活用，2家大型航空公司預計運用SAF來達成2050年碳中和的目標

總結
☐ 海運業正試圖透過燃料船的效率化與氫氣的運用等來減排
☐ 航空業正在歐洲與日本等地擴大SAF的利用

物流、土木與基礎設施
也開始認真應對去碳化

● 已經展開宅配貨車與建設機械的電動化

　　為了實現碳中和，物流、土木與基礎設施的領域也開始採取去碳化行動。在物流領域，**大和運輸提出的目標是從2020年1月起導入日本首輛宅配專用EV貨車**，並於2030年之前將約5,000輛、相當於一半數量的小型貨車改為EV。日本郵政集團也公布將在2025年之前，要把約3萬3,000輛、相當於3成的郵務車換成EV的方針。不僅如此，還推出了與地區緊密結合的去碳化推進政策，例如將設置於郵局內的充電設備開放給地區居民使用等。

　　在土木領域，建設機械製造商正在摸索建設機械的電動化。小松製作所已經在日本國內推出電動小型挖土機，日立建機也在歐洲投入8噸的電動挖土機等，這些都是著眼於中長期的電動化而展開的初步行動。此外，在建設工程與土木工程的整體工程中，超過30％的碳排放量是在製造水泥或混凝土時所排放的，不過**大成建設與鹿島建設皆已推出碳循環混凝土（參照P.112）等，還研發出碳固化技術**。

　　此外，在基礎設施領域，則是針對道路推動照明燈的LED化、安裝作為電源來使用的太陽能發電設備等。不僅如此。日本今後將傾力投入離岸風力發電（參照P.66）與地熱發電（參照P.70）等大型基礎設施事業，日本的營建業也相繼表明參與意願，土木與基礎設施部門的去碳化，似乎開始起了帶頭的作用。

◐ 物流領域的電動化進展

EV四輪車

EV二輪車

日本郵政集團導入了EV四輪車與EV二輪車，用來在以東京都為中心的短距離區域內配送郵件與包裹。特色在於行駛安靜且不會排放CO_2

照片提供：日本郵政集團（https://www.japanpost.jp/csr/environment/logistics.html）

◐ 運輸部門在地球暖化對策（緩和與節能的對策）方面的主要做法

主要對策	減碳量（萬噸CO_2）相較於2013年		主要的具體措施
	2017年的成果	2030年的目標	
普及次世代汽車並改善燃油效率	343.0	2,379	・次世代汽車（公車、貨車與計程車事業專用）的導入補助與環保車減稅等 ・訂定高於一般認知的燃油效率・排氣基準
促進大眾交通工具的使用	55.9	177	・針對次世代型路面電車系統與交通節點的整備給予支援 ・針對無障礙車輛等給予稅制優惠、針對火車站的無障礙化與無階梯公車的導入等給予支援
提高物流的效率 ・提高使用貨車運輸的效率 ・推動共同運輸配送	263.9	208.1	・透過《節能法》促使運輸業者採取節能對策，具一定規模以上的運輸業者有義務擬定節能計畫並定期報告等 ・活用AI・IoT等，推動進一步的運輸效率化 ・支援雙貨櫃聯結車的導入、放寬全拖車長度的管制 ・修訂《物流綜合效率化法》（H28.10）來支援運輸網整合等對策
推動運輸模式轉換 ・海運運輸模式轉換 ・推動運輸模式轉換並改以鐵路來運輸貨物	64.6	305.8	・透過船舶共有建造制度來支援船舶建設、透過環保船標章認證制度等來提高意識 ・修訂《物流綜合效率化法》（H28.10）來使與模式轉換相關的綜合效率化計畫，得以藉此跨大它的認定對象，並支援計畫的籌備經費與營運經費

來源：根據日本國土交通省的「國土交通省地球暖化減緩策略的對策概要」（https://www.mlit.go.jp/common/001386820.pdf）編製而成

總結	☐ 物流方面已導入宅配專用EV，並設定了轉換EV的目標 ☐ 土木方面在建設機械的電動化與碳固化技術等皆有進展

加強日本競爭力的
碳循環相關產業

▶ 開發回收CO_2以製作出其他產品的技術

　　要實現碳中和的目標，除了減少碳排放之外，還有一種手法是減少大氣中的CO_2。具體來說，目前正在研發的是**從大氣中回收CO_2的技術**，以及**將已回收的CO_2轉換成其他物質，並以此為原料來製造產品的技術**。這一連串的過程是將碳（Carbon）回收（Capture）後再利用（Utilization），因此取其英文首字母而稱為CCU。CCU是**基於「讓碳不斷循環利用」的概念，所以又被稱為碳循環（Carbon Recycle）**。此外，目前也在持續研發儲存（Storage）技術，將已回收的CO_2封存於地底等處，此稱為CCS。CCU與CCS有時會統稱為CCUS。

　　在碳循環方面，目前正在摸索廣泛的活用方式，例如將已回收的CO_2轉變成其他化合物，並以此作為原料，加工製成聚碳酸酯、胺基甲酸乙脂與聚烯烴等化學品，或是製造用於航空領域的SAF（參照P.94）等。目前正在進行的其中一項研究，即所謂的**甲烷化技術，可以用CO_2與氫氣製造出甲烷**。甲烷是都市天然氣的主要成分，如果能透過甲烷化技術以低廉的成本來製造甲烷，那麼在去碳社會中就可以活用天然氣的基礎設施。當然，如果考慮到碳循環，仍然有許多課題必須克服，以甲烷化來說，除了生成物的利用價值高之外，還必須讓生成物本身具備成本競爭力。不過若能實現這一點，便有可能維持現有的社會模式，同時還能追求去碳化。

◉ CCUS流程示意圖

```
CO₂ 排放源          回收設備          分離設備    →   CCUS（活用・儲存）
・火力發電廠                                           CCU（活用）
・煉油廠                                              ・加工成化學品
・化學工廠                                            ・製成燃料 SAF
・煉鐵廠 等                                           ・製成混凝土
                                                     ・生成甲烷（甲烷化）等

                            CO₂ 加壓            →   CCS（儲存）
                            設備                     CO₂無法通過含有泥岩的地
                                                     層，因此可儲存在比之前更
                                                     深層的含砂岩的地層中
```

◉ 世界各地在能源方面的減碳排貢獻量

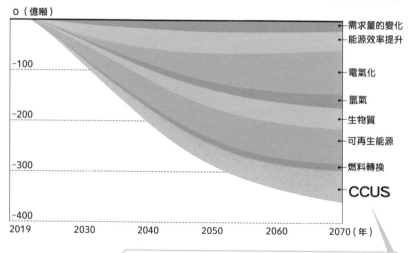

- 需求量的變化
- 能源效率提升
- 電氣化
- 氫氣
- 生物質
- 可再生能源
- 燃料轉換
- **CCUS**

0（億噸）／ -100 ／ -200 ／ -300 ／ -400

2019　2030　2040　2050　2060　2070（年）

> 預計到了 2070 年，CCUS 的減碳排貢獻量將占整體的
> 19%（約 69 億噸）。技術的進步備受期待

來源：根據國際能源署（IEA）的「Energy Technology Perspectives 2020」編製而成

總結	☐ 碳循環是一種讓碳不斷循環利用的概念
	☐ 在航空與天然氣領域，將碳轉換成燃料的技術等已有進展

EV如迷你四驅車般有套更換電池的機制

　　EV是以蓄電池與馬達作為基礎零件，所以有時候會被比喻成玩具的「迷你四驅車」。迷你四驅車是將包括馬達在內的零件組裝起來，最後裝上3號電池便可開始奔馳，電池沒電後再進行更換。回到EV的話題上，EV的難題在於充電時間，大家可能會想，「難道不能像迷你四驅車更換電池一般，直接更換EV的電池嗎？」事實上，更換蓄電池的這個想法已經實現了。

　　中國是最大的EV市場，新興EV製造商NIO又被稱為中國特斯拉，NIO宣布將在中國開設第500座電池交換站後，引發一番熱議。中國EV製造商奧動新能源（Aulton）與吉利汽車（Geely）也緊隨其後，發表了設置電池交換站的計畫。光是這三家公司，預計在2025年之前一共會設置1萬9,000座電池交換站。此外，台灣也正在導入電池更換式的電動機車。主導市場的是一家名為Gogoro的企業，該公司提出了一項服務，在便利商店等一般人平時常去的地點設置電池站，提供使用者更換電池的服務。這些站點會常備多個電池，用戶只需將蓄電量降低的電池插入空插槽中，就會提供另一個已充電完畢的電池，可以在短時間內快速更換電池。

　　本田技研工業等日本企業也很關注這樣的做法，正在研究更廣泛且通用的方式。在往後的去碳社會中，更換電池也許可能會成為主流。

Part

5

日本的技術已有顯著成長

日本的去碳技術
走在世界尖端

全球最頂尖的馬達技術
可謂電動化的基礎

▶日本電產憑藉高性能馬達取得全球市占率第一

在去碳化的潮流中，各式各樣的領域都在推動電動化，作為將電力轉為動力的裝置，馬達是非常重要的。許多機器都有使用馬達，例如產業機械、空調與冰箱等家電製品，甚至是個人電腦的HDD等。**日本電產便是憑藉著馬達技術而居於領先地位的企業**。HDD專用的主軸馬達具有壓倒性的全球市占率，而日本電產便占有全球80％的市占率。

此外，在去碳化的過程中，無刷直流馬達的需求日益增加。這種馬達解決了傳統有刷馬達會冒出火花、製造噪音，以及因磨損而降低電刷壽命等問題。無刷直流馬達因**體積小、輸出功率高、壽命長且不會產生火花或噪音**，而被廣泛運用於電腦乃至家電製品。日本電產在無刷直流馬達方面也擁有超過4成的全球市占率，位居世界第一。

在使用無刷直流馬達的市場中，成長幅度最大的便是**將其作為車載馬達來運用的汽車領域**。電動化所帶來的節能效果顯著，因此不斷替換各部位的馬達，尤其在控制性能與長壽等方面格外要求的部位，都換成無刷直流馬達。在這樣的背景下，日本電產鎖定了中國這個最大的EV市場。**該公司已經在中國展開EV專用馬達的量產**，出貨量也是全球第一。日本電產所採取的戰略是，致力於在競爭激烈的中國穩定供貨並逐步往世界擴展，日本電產的走向很讓人矚目。

▶ 活用無刷直流馬達的主要領域

日本電產的全球市占率

46%

IT‧通訊‧OA機器

為個人電腦的風扇、
硬碟等持續運轉的物件
提供最佳輸出功率

家電‧AV機器

用於冰箱、空調與
無線吸塵器等,
既省電又可長時間運作

產業機器

用於產業專用無人機的
葉輪等,實現小型、
高輸出功率與長壽

機器人

小型且輕量的性質適用於
要像力量輔助工作服般
穿戴的物件

來源:根據日本電產的「市占率全球No.1的無刷直流馬達 獲得世界製造企業認可的馬達技術為何?」(https://www.nidec.com/jp/brand/tech/brushlessmotor/)編製而成

▶ 用於電動汽車的主要馬達類型

| 空調專用 壓縮機馬達 | 電動發電機 (MG) | 高輸出 交流發電機 | 驅動馬達 |

| EOP 電動油泵 | 電動輔助轉向 系統(EPS) |

| ETB 電子節氣門 控制 | 輪轂馬達 | 電子穩定控制系統 (ESC)防打滑裝置 | e-4wd 馬達 |

來源:根據日本電磁測器公司的「支持汽車工程的汽車馬達&零件」(https://www.j-ndk.co.jp/sp1/)編製而成

總結

☐ 搭上電動化的浪潮,車載馬達等的更換已有所進展
☐ 日本電產先進入中國EV市場,再由此往世界擴展

CO_2的高速處理技術
為去碳化帶來曙光

▶ **東芝實現了讓CO_2維持氣體狀態進行轉換的高速處理技術**

　　要實現碳中和，像碳循環（參照P.98）那樣，回收CO_2並把碳固化於產品內也很重要。在這個領域中，**東芝在CO_2的處理速度上創下了世界最快的紀錄**。東芝研發出的技術，**可將CO_2轉換成一氧化碳（CO）**。CO可用於塑膠、塗料、醫藥用品等化學品，以及航空燃油的原料等，因此能讓CO_2不斷循環再利用。這個製程中會用到電力（Power），所以東芝將這項技術命名為Power to Chemicals。

　　傳統的CO_2轉換技術是利用電解池在電極表面引起化學反應，並於電解池施加電壓來進行轉換。然而，這種方式面臨一個問題，那就是必須讓CO_2溶入水溶液中，這會導致電流密度變低而影響到化學反應的速度，如此便無法引起活躍的反應，反應速度會變慢，轉換效率也隨之下降。

　　東芝克服了這個問題。為了提高電流密度，東芝**成功開發出可讓CO_2維持在氣體狀態來加以利用的催化電極**。東芝甚至還憑藉著獨家技術讓轉換用的電解池透過堆疊（stack），藉此增加每單位面積的處理量，以長形3號信封（120×235mm）大小的設置面積來說，每年的CO_2處理量最多可達1.0公噸。一般認為**將來應該可以適用於燃煤發電廠的CO_2處理**。

　　東芝預計於2025年投入市場，這項CO_2的高速處理技術不僅有助於去碳化，**對建構循環型社會也有所貢獻，可說是一項相當優秀的技術**。

● 東芝CO₂高速處理的特色

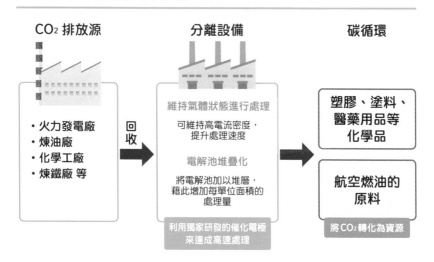

● 東芝電解池（電解堆疊）的處理速度

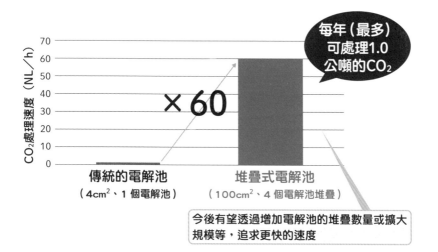

來源：根據東芝的「開發CO₂資源化技術，即可在常溫環境下以世界最快的速度將CO₂轉換成有價值的資源」
（2021年3月21日）（https://www.global.toshiba/jp/technology/corporate/rdc/rd/
topics/21/2103-02.html）編製而成

總結	☐ 將CO₂轉換成CO，活用於化學品或航空燃油 ☐ 以氣體狀態進行處理並藉堆疊增加處理量，實現高速處理

比植物更有效率的
人工光合作用

▶ 豐田汽車集團擁有卓越的人工光合作用技術

　　碳中和是指CO_2的排放量與吸收量達到一致的狀態，而吸收方面的關鍵在於光合作用。一般對光合作用的印象是，植物利用陽光吸收CO_2並產生氧氣，但嚴格來說又分為兩種反應，一種是將水分解成氧氣與氫氣的光反應，另一種則是以生成的氫氣與CO_2形成有機化合物的暗反應。現今已經開發出**人工光合作用的技術，即透過人工方式進行這兩種反應，藉此降低大氣中的CO_2濃度。豐田汽車集團已掌握這種人工光合作用的卓越技術**。

　　豐田汽車的人工光合作用，其機制是先讓陽光照射太陽能電池來產生發電反應，藉此在氧化電極中進行光反應，將水溶液中的水分解成氧氣與氫離子。接著在還原電極中進行暗反應，讓在光反應中產生的氫離子與水溶液中的CO_2合成。透過這個過程，利用陽光的能量排出氧氣，並讓CO_2與氫氣產生反應而形成甲酸（$HCOOH$）。

　　這種人工光合作用的轉換效率**超越植物的光合作用，目前是全世界最優秀的技術**。此外，甲酸還具備穩定性高、毒性與可燃性低，且易於儲存與運輸的優點。因此，只要將氫氣轉換成甲酸，就能夠**以壓縮600倍的形式來進行運送**，效率絕佳。豐田汽車還擁有卓越的氫氣技術，或許能透過人工光合作用與氫氣的結合，開啟去碳社會的新扉頁。

● 人工光合作用的機制

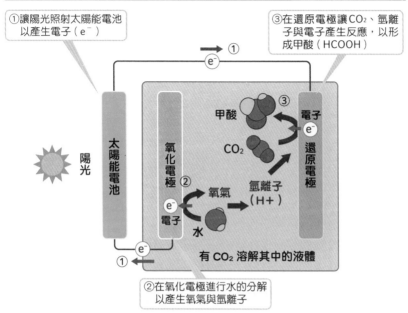

①讓陽光照射太陽能電池以產生電子（e⁻）

③在還原電極讓CO_2、氫離子與電子產生反應，以形成甲酸（HCOOH）

②在氧化電極進行水的分解以產生氧氣與氫離子

來源：根據豐田中央研究所的「透過實用規模的人工光合作用超越植物的陽光轉換效率」（https://www.tytlabs.co.jp/presentation/case-11.html）編製而成

● 透過人工光合作用實現資源的循環

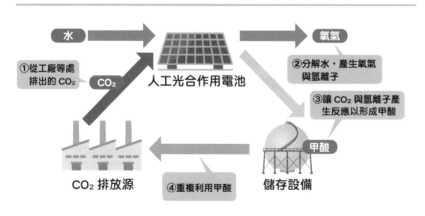

①從工廠等處排出的CO_2

②分解水，產生氧氣與氫離子

③讓CO_2與氫離子產生反應以形成甲酸

④重複利用甲酸

總結

□ 將水分解成氧氣與氫氣，再讓氫氣與CO_2產生反應
□ 人工光合作用的CO_2轉換效率優於植物的光合作用

降低電力損耗的
功率半導體

▶ 蘊藏著延長EV續航里程的潛能

　　半導體中的功率半導體，因為去碳化趨勢而受到關注。如果以人類的器官來比喻，一般都說CPU或是記憶體相當於「大腦」，相對於此，功率半導體就像是「心臟」。正如心臟控制著人體內的血液流動，**功率半導體則會控制電的流動**。

　　功率半導體的作用是負責轉換電流、電壓與頻率等，將其調整成便於驅動馬達或為電池充電等的電力。因此，使用功率半導體**即可降低電力損耗，進而達到節省能源的效果**。

　　功率半導體常用於家電製品等，特別是**汽車對於功率半導體的需求一直在增加**。一旦汽車電動化，自然需要電力控制系統，因此隨著電動化的潮流，全球對於功率半導體的需求也在增加。尤其是EV，延長續航里程是其一大課題（參照P.84），不過如果可以降低電力損耗，那麼蓄電池的容量小一點也沒關係。因此，**提升功率半導體的性能也很重要**。在這方面，已經出現使用SiC（碳化矽）或GaN（氮化鎵）作為基板材料的功率半導體等，這種新技術可以在比目前主流的矽半導體更高的溫度下運作，對於應用機器的小型化與輕量化也很有貢獻。技術革新方面亦備受期待。此外，日本企業持續在半導體產業中苦戰，但在功率半導體方面，三菱電機、富士電機與東芝電子零組件等企業合計的市占率仍高居世界前幾名，是很能展現日本存在感的領域。

◯ 功率半導體的主要類型與用途

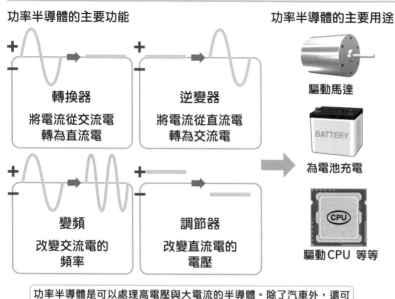

功率半導體的主要功能

轉換器
將電流從交流電
轉為直流電

逆變器
將電流從直流電
轉為交流電

變頻
改變交流電的
頻率

調節器
改變直流電的
電壓

功率半導體的主要用途

驅動馬達

BATTERY

為電池充電

CPU

驅動 CPU 等等

功率半導體是可以處理高電壓與大電流的半導體。除了汽車外，還可用於個人電腦與家電製品等各式各樣的產品中

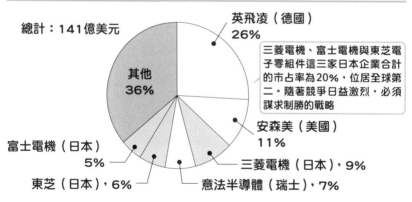

◯ 功率半導體的全球市占率（2019年）

總計：141億美元

其他
36%

英飛凌（德國）
26%

三菱電機、富士電機與東芝電子零組件這三家日本企業合計的市占率為20%，位居全球第二。隨著競爭日益激烈，必須謀求制勝的戰略

安森美（美國）
11%

三菱電機（日本），9%

意法半導體（瑞士），7%

富士電機（日本）
5%

東芝（日本），6%

來源：根據日本經濟產業省的「半導體戰略（概要）」（2021年6月）（https://www.meti.go.jp/press/2021/06/20210604008/20210603008-4.pdf）編製而成

| 總結 | ☐ 功率半導體可降低電力損耗，進而達到節能的效果 |
| | ☐ 在功率半導體方面，日本三家公司合計市占率為全球第二 |

提高半導體性能的
氧化鎵

◉ 電力損耗少、節能且高耐壓的半導體材料

有說法指出，目前主流的矽半導體存在著性能上的極限。因此，為了進一步提升性能，必須**研發出使用代替矽的材料製成的次世代半導體**。在各式各樣的材料中，最受矚目的便是氧化鎵。

氧化鎵在「導通電阻」與「耐壓」這兩項性能指標上顯示出極優的數值，使用這種氧化鎵製成的半導體，可以建構出高性能的裝置設備。目前已有研究顯示，在特別重要的電力損耗方面，比起以目前主流的材料（矽）製成的半導體，**氧化鎵半導體可將損耗降至1,000分之1**，光是這一點所能節省的能源就相當可觀。不久的將來，只要使用氧化鎵半導體，即可大幅增加EV的續航里程。

此外，氧化鎵在製造方面也具備相當出色的特性。有說法指出，碳化矽與氮化鎵等材料在製造速度與品質方面有其難以突破之處，但氧化鎵的製造手法能以約100倍的速度形成高品質的結晶。此外，氧化鎵的硬度與矽相同，因此可以用現有的設施來進行生產，這也是一大優點。

氧化鎵在性能與製造方面擁有不少優點，但是在此之前**規格開發都沒有跟上腳步，因而未能建立起量產體制**。打破這種狀況的是日本半導體企業Novel Crystal Technology。透過日本的技術實現了具有高性能的氧化鎵半導體，藉由搭載在各種機器上，有望讓去碳化得到進一步的發展。

● 絕緣體、半導體與導體的差異

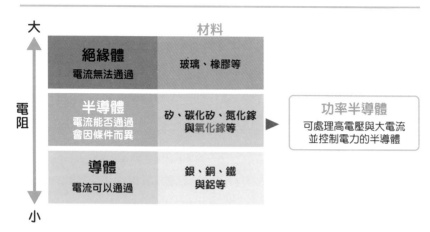

電阻

大 ↑

	材料	
絕緣體 電流無法通過	玻璃、橡膠等	
半導體 電流能否通過 會因條件而異	矽、碳化矽、氮化鎵 與氧化鎵等	▶ **功率半導體** 可處理高電壓與大電流 並控制電力的半導體
導體 電流可以通過	銀、銅、鐵 與鋁等	

小 ↓

● 因氧化鎵量產成功而使股價飆升

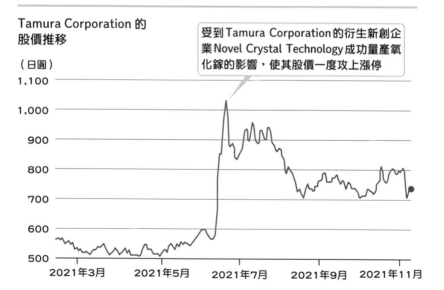

Tamura Corporation 的
股價推移

（日圓）

受到 Tamura Corporation 的衍生新創企業 Novel Crystal Technology 成功量產氧化鎵的影響，使其股價一度攻上漲停

	2021年3月	2021年5月	2021年7月	2021年9月	2021年11月

1,100
1,000
900
800
700
600
500

總結

☐ 氧化鎵的電力損耗為矽的1,000分之1
☐ 可利用矽的生產線來進行量產

光是製造混凝土就能減少CO₂

▶ 大成建設研發出一種利用CO₂製造混凝土的技術

在研究碳循環技術的過程中，營建業一直認為要減少CO_2的排放可說是困難重重，針對這一點，**大成建設打開僵局，研發出一種劃時代的混凝土**。水泥是混凝土的原料，在燒製過程中原料必須高溫加熱，因此會排出大量的CO_2。該公司將這點視為課題，並著手研發新的混凝土。

大成建設一直以來都透過混合產業副產品等方式，研發出兼顧環境友善的混凝土，而這項技術有了進一步的發展。他們首先是研發以CO_2作為原料的混凝土，不過受到CO_2的影響而使混凝土偏酸性，結果導致接觸到混凝土的鋼筋生鏽等。後來大成建設著眼於碳酸鈣。使用回收的**CO_2作為原料來產生碳酸鈣**，再利用這些碳酸鈣來製造混凝土，成功使CO_2在混凝土的內部固化。這種碳循環混凝土被命名為「T-e Concrete®／Carbon-Recycle」。

透過這項技術，不僅可**將每$1m^3$最多$170kg$的CO_2在混凝土內部固化**，製造出的混凝土本身也能維持強鹼性，可以預防鋼筋的腐蝕。此外，這種混凝土的強度特性與作為施工指標的流動性，都跟一般的混凝土相當。不僅如此，還**可以利用一般預拌混凝土廠的設備來製造**，並能活用長期以來所累積的設計、施工與監督管理等相關技術與經驗等，由於得以廣泛運用，因此往後的活用價值很值得期待。

⊙ 以CO₂作為原料，製造混凝土的流程

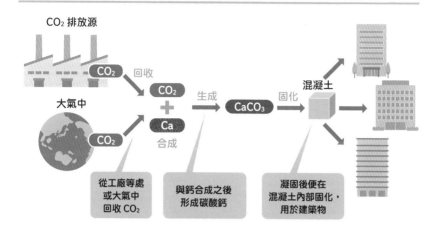

⊙ 混凝土製造的碳排放量比較

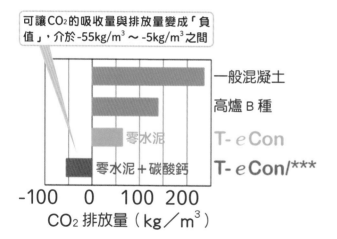

※基於「為了回收1kg的CO₂來製造碳酸鈣，製造設備會排放出0.5kg的CO₂」的假設所導出的試算值

來源：大成建設的「開發碳循環混凝土『T-e Concrete®／Carbon-Recycle』」（2021年2月16日）（https://www.taisei.co.jp/about_us/wn/2021/210216_5079.html）

總結	☐ 將每1m³最多170kg的CO₂在混凝土內部固化
	☐ 可利用一般預拌混凝土廠的設備來製造，較易於活用

可同時進行發電與碳固化的
劃時代地熱發電技術

> ● 活用二氧化碳，將CO₂加壓注入地底來發電的地熱發電

　　為了減少CO₂，除了擴大導入不會排放碳的可再生能源外，將排入大氣中的CO₂回收並埋在地底深處，藉此讓碳在地底固化的CCS（參照P.98）也備受矚目。此外，可再生能源的地熱（參照P.70）有別於陽光與風力，具有恆定輸出的特性，而日本的地熱蘊藏量豐富，排名全球第三，是很有發展潛力的電力來源。將眼光放在上面所述，**大成建設開展出非常具有前瞻性的技術革新。**

　　地熱仍有些課題尚待克服，除了難以鎖定熱源之外，即便鎖定了熱源，也會因為可汲取的熱水量不足而無法充分發電。目前已構思出解決這個問題的方法，也就是所謂的EGS（Enhanced Geothermal Systems：加強型地熱系統）技術。這項技術是將水注入地下使其循環，藉此維持並增加地熱流體的生產。大成建設讓這項EGS技術再進化，研發出**活用CO₂的地熱發電，也就是把CO₂加壓注入地熱貯留層中，再利用溫度升高的CO₂來發電。**目前正在進行實際驗證。

　　CO₂在高溫高壓的狀況下，便會發揮其高密度與低黏性的特性，這一點很適合用來發電。不僅如此，這種發電方式會讓CO₂不斷地循環，因此CO₂不但不會排入大氣中，**部分被加壓的CO₂還會化作碳酸鹽礦物等，在地熱貯留層中固化。**利用可再生能源進行發電自不待言，還能發揮CCS的功能，這項劃時代的技術或許可以成為日本去碳化的一股推力。

● 活用CO₂的地熱發電原理與優點

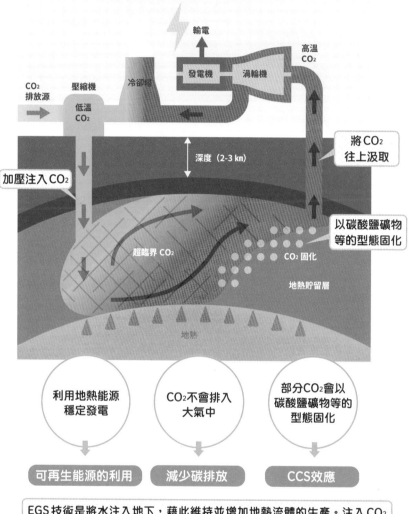

- 輸電
- 高溫 CO₂
- 發電機
- 渦輪機
- 冷卻塔
- CO₂ 排放源
- 壓縮機
- 低溫 CO₂
- 將CO₂ 往上汲取
- 加壓注入 CO₂
- 深度（2-3 km）
- 超臨界 CO₂
- 以碳酸鹽礦物 等的型態固化
- CO₂ 固化
- 地熱貯留層
- 地熱

利用地熱能源 穩定發電

CO₂不會排入 大氣中

部分CO₂會以 碳酸鹽礦物等的 型態固化

可再生能源的利用

減少碳排放

CCS效應

EGS技術是將水注入地下，藉此維持並增加地熱流體的生產。注入CO₂ 來代替這些水，即為CO₂地熱發電，利用地熱能源穩定發電、減少碳排 放與碳固化等效果可期

來源：根據大成建設地熱技術開發的「著手『碳循環CO₂地熱發電技術』的研發」（2021年8月23日）（https:// www.taisei.co.jp/about_us/wn/2021/210823_8430.html）編製而成

總結
☐ 已解決熱水量不足導致無法發電的問題
☐ 不會排出CO₂，而是將CO₂在地熱貯留層中固化

形狀自由且能量密度高的全樹脂電池

● APB研發的蓄電池安全性高且成本降低

蓄電池（參照P.88）此一發展領域掌握了去碳社會的關鍵，而日本的新創企業**APB所生產的全樹脂電池**在這個領域大放異彩。如同字面所示，這是使用樹脂製成的電池，運用了界面活性控制技術。此外，採用雙極積層型的構造也是其特色所在，將這些組合起來，便實現了極高規格的蓄電池。

首先，電池的材料是樹脂而非金屬，所以**不可能產生爆炸或起火的情況，安全性很高**乃是它的特性之一。此外，在傳統的電池中，正負兩極是各自獨立的電極板，而雙極積層型的構造所採用的電極板則是將一片集電體的單面塗上正極塗層，另一面塗上負極塗層。將這些大面積的電池堆疊成層狀，使空間壓縮而得以實現高能量密度。

在製造方面也有其優點，亦即藉由將材料改成樹脂，可以把使用金屬所需的那些製程簡化，不僅**製造程序變得更簡單，還可以減少必要的零件數量**。如此一來便能**降低生產時的成本與縮短交貨期**，這也是它的好處之一。

不僅如此，全樹脂電池還有一個特色是**形狀的自由度高**。不但易於調整能量的密度與輸出功率，還可以配合用途自由地設計形狀，以適用於各式各樣的產品。

因為這些特性，全樹脂電池的適用領域也十分多元，例如機器人或無人機等，將來也考慮活用於EV上。

◎ 全樹脂電池的三大特色

全樹脂電池的形象

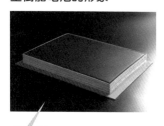

| 將金屬材料換成樹脂 | 使用的是電阻較大的樹脂集電體，即便電池發生短路也不會有大電流通過。 |

| 電極是由膠凝聚合物所構成 | 無須進行電極乾燥與金屬加工等，可減少零件數量與簡化製造程序，從而降低成本。 |

比起傳統的鋰離子電池，全樹脂電池在安全性、成本與自由度等方面更具優勢，有望在各種領域中大放異彩

| 電池的材料全是樹脂製品 | 形狀的自由度高，可配合用途自由地設計形狀，以適用於各式各樣的產品。 |

來源：根據APB的「全樹脂電池的二三事」（https://apb.co.jp/all_polymer_battery/）編製而成

◎ 全球蓄電池市場之推移

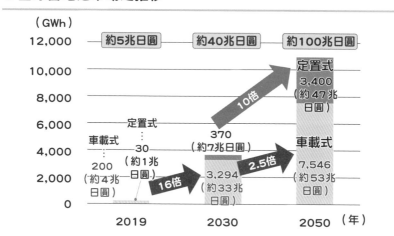

※此經濟規模是以「2019年2萬日圓／kWh→2030年1萬日圓／kWh→2050年0.7萬日圓／kWh」來試算車載式蓄電池組（全球）的單價；定置式則是以車載式的2倍單價來試算
來源：根據日本經濟產業省的「關於『次世代蓄電池・次世代馬達的研發』方案的研究開發與社會落實之方向性」（2021年7月）（https://www.meti.go.jp/shingikai/sankoshin/green_innovation/industrial_restructuring/pdf/003_02_00.pdf）編製而成

| 總結 | □ 藉由改用樹脂以提高安全性，製造程序也得以簡化
□ 可自由變化形狀，配合用途進行設計 |

塗布即可使用的
鈣鈦礦太陽能電池

▶ 將太陽能電池製成薄膜狀即可設置於各種場所

聽到太陽能發電，大多數人都會聯想到矽太陽能板吧？桐蔭橫濱大學的教授宮坂力特任所研發的次世代太陽能電池具有驚人的特性，現今十分受到矚目。這種電池即**鈣鈦礦太陽能電池**。這是一種使用鈣鈦礦結晶製成膜狀，再加工製作而成的太陽能電池，具有像塗料一樣**「塗布即可使用」的特性**。此外，材料本身很便宜，而且製造程序不像矽一樣需要高溫，因此製造成本低也是其優勢。

此外它還有一個特性，就是可以將太陽能電池製成薄膜狀。矽太陽能電池如果做得太薄，就會無法吸收太陽能而導致轉換效率大幅下降。然而，**鈣鈦礦太陽能電池的光吸收係數較高**，即使製成薄膜狀也能維持高轉換效率。不僅如此，製造時的溫度比矽太陽能電池還低，因此可在不損壞塑膠的情況下進行加工，製成塑膠薄膜型的太陽能電池。像這樣把太陽能電池製成薄膜狀，就可以在不適用太陽能板的**牆壁、窗戶與有弧度的地方等設置太陽能電池，擴大應用範圍**。

在轉換效率方面，東芝已經開發出新的成膜方式，藉此讓薄膜型鈣鈦礦太陽能電池的能量轉換效率可以高達15.1％，為世界最高。該技術目前已提升至與矽太陽能電池不相上下的水準，今後的操作技術頗值得期待。

▶ 鈣鈦礦太陽能電池的優點

製造成本低廉 可用較少的程序 來進行製造, 且成本低廉	**輕量・柔軟** 可利用塑膠等材質, 便於確保輕量性 以及柔軟性
高競爭力 日本在主要材料的 全球市占率為30%, 具有較高的競爭力	**高性能** 隨著結合不同電池的 技術有所進展, 有望實現高性能

相較於傳統的矽太陽能電池,這種電池具有大面積、輕量性與柔軟性等優點,因而有望擴大設置的地點

來源:根據日本資源能源廳的「關於『次世代太陽能電池的研發』方案的研究開發與社會落實計畫(草案)之概要」(2021年6月)(https://www.meti.go.jp/shingikai/sankoshin/green_innovation/green_power/pdf/001_06_00.pdf)編製而成

▶ 太陽能電池的分類與較具代表性的轉換效率

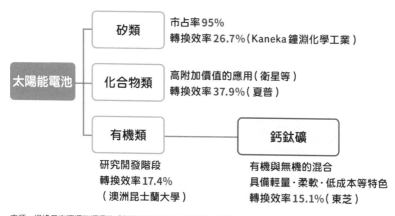

太陽能電池

矽類　　市占率95%
轉換效率26.7%(Kaneka鐘淵化學工業)

化合物類　高附加價值的應用(衛星等)
轉換效率37.9%(夏普)

有機類　　鈣鈦礦

研究開發階段
轉換效率17.4%
(澳洲昆士蘭大學)

有機與無機的混合
具備輕量・柔軟・低成本等特色
轉換效率15.1%(東芝)

來源:根據日本資源能源廳的「關於『次世代太陽能電池的研發』方案的研究開發與社會落實計畫(草案)之概要」(2021年6月)(https://www.meti.go.jp/shingikai/sankoshin/green_innovation/green_power/pdf/001_06_00.pdf)編製而成

總結
□ 鈣鈦礦太陽能電池具有輕量、平價且易於製造等優點
□ 可設置於牆壁、窗戶與有弧度的地方等,運用廣泛

空調專用節能冷媒最多可讓
EV的續航里程增加5成

⦿ 空調專用冷媒的研發有助於EV的能源效率化

　　汽車電動化的競爭日益激烈，而**各製造商競爭的指標之一便是續航里程**。雖然續航里程隨著蓄電池的進步（參照P.88）等逐漸有所改善，但仍比不上一般汽油車，該如何克服這個問題則有賴製造商各憑本事。提高蓄電池的性能也是一種解決方法，不過只要能提升汽車的能源效率，就算電池容量較低也沒關係，因此**能源效率的提升遂成了重要的論點**。

　　這裡很容易被忽視的就是**汽車的空調**。汽車也很重視輕量化，所以不能使用過多的隔熱材料，再加上車窗玻璃的面積較大，使車內溫度成了一大課題。不僅如此，汽車在行駛時會接觸到時速達數十公里的外部空氣，所以會受到外部空氣的影響。因此，汽車的空調會消耗大量的能量，而EV的**空調性能則會直接關係到續航里程**。在最糟糕的情況下，EV有大約一半的電力都會用於空調，**在解決空調的問題方面，大金工業進行了技術革新**。

　　大金工業**研發出一種節能性非常高的冷媒**，並用於EV的空調。其目標是在2025年進入實用化階段。該公司表示，使用這款冷媒，特別能夠降低開暖氣時的電力消耗，在暖氣全開的情況下，續航里程最多會比沒有使用這款冷媒的EV增加5成左右。今後EV的競爭還會更加激烈，屬於其他領域的大金工業投入汽車產業所造成的效果看起來不小。

● EV空調的性能與電力之比較

據說光是要加熱約1坪大的車內，就需要相當於加熱10坪大的家庭空間所需的暖氣性能

EV 空調
所需的電力

50%

電力消耗

EV的電力有大約一半是用於空調，非常「耗電」，導致續航里程受限

● 大金工業用於空調的主要技術

省電・省資源的馬達

馬達的耗電量特別大，
為了提升其效率，
在馬達的轉子內部嵌入了
永久磁鐵來強化結構

空調的壓縮機

壓縮機占空調耗電量的8成，
為了提升壓縮機的能源效率，
已實現降低損耗的構造等

熱交換器・精簡化技術

應用既能提升熱交換器的性能
又能達到精簡化的技術，
克服開暖氣時會產生冷凝水
與低溫時會結霜等問題

風扇・通風技術

透過提升風扇性能等來實現高效率
的熱交換、氣流控制與靜音化。
此外，還研發出可將電力消耗
降至最低的通風構造最佳化技術

冷媒控制技術

在機器內循環的冷媒會透過凝結
和蒸發作用，與周圍進行熱交換，
同時調整冷媒的狀態與流量，
使熱能適當地移動

高性能且節能的空氣過濾器

持續開發空氣過濾器的過濾材料，
不僅追求乾淨與安全，
還致力於節能，
並兼顧低壓損與長壽

來源：根據大金工業的「Technology」（https://www.daikin.co.jp/tic/technology）編製而成

總結

□ 大金工業已研發出EV空調專用的節能冷媒
□ 提高EV的能源效率，使續航里程增加了5成

利用從眼蟲藻等生物中提取的油脂來研發次世代生物燃料

◉ 生物燃料對船舶與航空等的去碳化有所貢獻

　　去碳社會面對的課題是，該如何在長途運輸中供應能量。為了解決這個問題，目前正在評估**使用以再利用的CO₂（二氧化碳）與H₂（氫氣）合成後製成的合成燃料**。同時也在推動生物燃料的研究與開發，以作為實現碳中和的燃料，而在這個領域中，Euglena公司的存在讓人無法忽視。2005年，該公司在全球首次確立技術，成功地在室外大量培養出微細藻類的眼蟲藻（Euglena）。在去碳化方面則持續**研發以眼蟲藻作為原料的生物燃料製造**。生物燃料製造實際驗證廠於2018年竣工，並從2020年開始供應生物柴油燃料等，堪稱穩步發展，生物燃料被命名為「SUSTEO」，意指「永續的油（Sustainable oil）」。目前正在持續推動SUSTEO的商業化，例如2020年6月首度用於HondaJet，JR貨物也於同年10月決定導入SUSTEO等。

　　SUSTEO的原料是**用過的食用油與從微細藻類的眼蟲藻中萃取出的眼蟲藻油脂**。將原本要丟棄的食用油重複利用，也有助於環保。不過根據預測，一旦將來生物燃料的需求增加，原料將會不足。因此Euglena公司並不與糧食競爭，而是致力於研究與開發眼蟲藻油脂的培養技術，以作為可配合需求量來供應的原料。除此之外，**眼蟲藻還有一個優點是會進行光合作用，所以有助於吸收CO₂**，從這些好處來看，SUSTEO可說是絕佳的處理方式。

● 合成燃料的課題與今後的對策

現狀與課題	今後的對策
合成燃料的低價化、製造技術與體制的確立 ・尚未確立邁向商業化的一條龍製程	**合成燃料的大規模化與技術開發的支援** ・目標是在2050年實現成本低於汽油的價格 ・研發創新的技術與製程，並進行應用研究，以確立邁向商業化的一條龍製程

目標是在2030年之前確立高效率且大規模的製造技術，於2030年代擴大導入並降低成本，在2040年之前達成商業化

2021年	2022年	2023年	2024年	2025年	～2030年	～2040年	～2050年
研發合成燃料的製造技術					大規模製造的實際驗證	擴大導入並降低成本	商業化
研發合成燃料的創新製造技術							

來源：根據日本資源能源廳的「引擎車也要去碳？何謂綠色液體燃料『合成燃料』？」（2021年7月8日）
（https://www.enecho.meti.go.jp/about/special/johoteikyo/gosei_nenryo.html）編製而成

● 生物燃料「SUSTEO」現階段的使用案例

用於 HondaJet 2020年6月首度用於本田技研工業的HondaJet（本田噴射機），並成功航行	**用於 JR 貨物的貨車** 日本貨物鐵道（JR貨物）於2020年10月決定導入，開始用於越谷總站內的鐵路集裝箱運輸用貨車
馬自達將其用於賽車 馬自達於2020年11月用於Demio並宣布參加賽車比賽。車隊名稱為「MAZDA SPIRIT RACING Bio concept DEMIO」	**JRTT 將其用於快艇** 鐵道建設運輸設施整備支援機構（JRTT）將其用於觀光型高速巡航快艇「SEA SPICA」，並進行了試航

將生物燃料的導入擴大至公車、配送車、渡輪與拖船等

總結	☐ 取自生物的生物燃料有助於實現碳中和 ☐ 正在研究眼蟲藻油脂的培養技術以作為生物燃料的原料

高速化的鑽石半導體比矽半導體快數十倍

目前半導體的主流材料是矽，不過作為其替代材料的碳化矽、氮化鎵，以及本章介紹過的氧化鎵等都備受關注。至於鑽石則被視為頂級的半導體材料。當然不必使用天然鑽石，所以半導體中用的是人工鑽石，不過相較於前述的半導體材料，鑽石在絕緣、耐壓與熱傳導率等半導體性能上都具有十分重要的物理特性，一般認為鑽石半導體將會成為頂級半導體。

具體來說，鑽石半導體的性能可以實現大幅高速化，據說會比現在主流的矽半導體快上數十倍到數百倍。不光是基本性能高，還非常耐用，而且也可用於外太空。

雖然鑽石是如此夢幻的半導體材料，但從技術層面來看，被認為並無法實際運用於半導體中。不過近年來，日本的研究團隊與企業成功合成了高品質的鑽石薄膜等，基礎技術大幅成長，逐漸加強了實用的可能。接下來的課題便是增大結晶基板的尺寸，關於這一點，佐賀大學的研究團隊也成功研發出直徑2英吋大小、是全球實用化等級中最大的尺寸。有了這個大小的結晶基板，便可對應半導體製造商的生產裝置，期待能加快企業的研究與開發。

雖然還有成本等課題，不過克服了這些之後，或許未來便可將功率半導體用於EV，將鑽石半導體用於各種零件中。

Part

6

生活與家庭中的去碳化也很重要

碳中和為生活
帶來的變化

碳中和的行動也會惠及生活

● 去碳化已在不知不覺中滲透到我們的生活

我們可以從各種角度來看待碳中和的行動，例如基於《巴黎協定》的政治角度、ESG（參照P.26）所代表的金融與投資的角度，以及受這些影響的商業角度等。另一方面，**對一般人來說，去碳化仍是不太能切身感受到的議題**。舉例來說，去碳化中的氫能活用尚未滲透到社會中，說到可再生能源，頂多也只會看到設置在屋頂上的太陽能板。就連汽車方面，EV 在日本的銷售數量仍然有限，要在生活中明顯感受到去碳化趨勢的機會並不多。

然而實際上，去碳化的行動已經充斥在你我生活的周遭。就連我們每天使用的電力，可再生能源的比例也逐年提高，**可再生能源所產生的電力已占了2成**。此外，蓄電池領域的競爭也日益加劇。蓄電池早已搭載於個人電腦與智慧型手機等，且**電池的「持久力」已有所改善**等，我們早在不知不覺中受惠於此。

有愈來愈多飲料製造商改用以再生塑膠或取自植物的材料製成的容器，我們每天購買的**寶特瓶的去碳比例也在持續增加**。至於建築方面，零耗能建築日益增加，獨棟住宅稱為 ZEH，大樓則稱為 ZEB，這些對去碳化也有所貢獻。

隨著今後繼續推動邁向碳中和的對策，我們周遭生活的去碳化行動應該還會進一步增加。

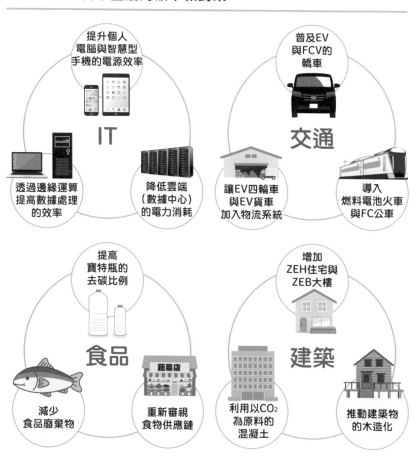

提升個人電腦與智慧型手機的電源效率

透過邊緣運算提高數據處理的效率

IT

降低雲端（數據中心）的電力消耗

普及EV與FCV的轎車

交通

讓EV四輪車與EV貨車加入物流系統

導入燃料電池火車與FC公車

提高寶特瓶的去碳比例

食品

蔬菜店

減少食品廢棄物

重新審視食物供應鏈

增加ZEH住宅與ZEB大樓

建築

利用以CO$_2$為原料的混凝土

推動建築物的木造化

> 碳中和的對策已進入我們的日常，如果要在2050年實現目標，就必須在各領域採取相應的對策

總結
☐ 可再生能源的使用率與寶特瓶的去碳比例均有所提升
☐ 蓄電池的高性能化改善了電池的持久力

伴隨碳中和而來的就業變化

▶ 也有一些產業因為去碳化而失去就業機會

一般認為實現碳中和的目標需要社會的變革，而這些變革中隱含著機會，也存在著風險。舉例來說，如果持有燃煤發電等與碳相關的資產，這些資產的價值便有下降的風險。

針對邁向去碳社會所產生的風險，世界正在探討的是有關「**公正轉型**」的問題。設備廢棄與減損等財務上的風險自不在話下，化石燃料產業等**特定行業與職業的需求將會隨著去碳化而減少，因此也存在失去就業機會的風險**。舉例來說，隨著汽車的電動化，EV增加而內燃機車減少，與其相關的研發與製造工作便會跟著減少。事實上，日本的本田技研工業已經推出著眼於EV的世代交替，並徵求提早退休者，結果有逾2,000人退休。本田技研工業的案例是由企業確實給予退職金，但並非所有企業都能給出像這樣的對應。

在氣候變遷的觀點中，去碳化至關重要，但另一方面，在沒有任何補助的狀況下就失去工作，違反了SDGs所揭示的「Leave no one behind（不遺漏任何人）」的精神，**稱不上是永續狀態**。**公正轉型**便是將就業問題等伴隨去碳化所產生的風險降到最低，同時避免衍生出新的課題，以求**逐步實現永續發展的社會**，這是每一個社會都須面對的議題。

● 汽車電動化所造成的零件需求變化

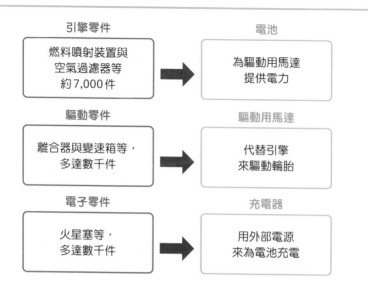

引擎零件

> 燃料噴射裝置與
> 空氣過濾器等
> 約7,000件

電池

> 為驅動用馬達
> 提供電力

驅動零件

> 離合器與變速箱等，
> 多達數千件

驅動用馬達

> 代替引擎
> 來驅動輪胎

電子零件

> 火星塞等，
> 多達數千件

充電器

> 用外部電源
> 來為電池充電

● 按技術劃分的全球可再生能源雇用數（2012～2020年）

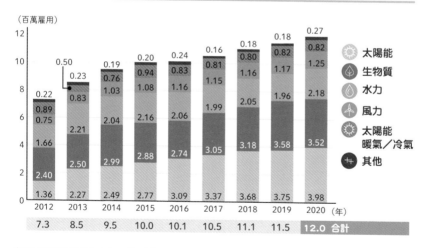

（百萬雇用）

								0.27
						0.18	0.18	0.82
	0.50		0.20	0.24	0.16	0.80	0.82	1.25
0.22	0.23	0.19	0.94	0.83	0.81	1.16	1.17	
0.89	0.83	0.76	1.08	1.16	1.15			2.18
0.75		1.03			1.99	2.05	1.96	
1.66	2.21	2.04	2.16	2.06				3.52
					3.05	3.18	3.58	
2.40	2.50	2.99	2.88	2.74				
1.36	2.27	2.49	2.77	3.09	3.37	3.68	3.75	3.98
2012	2013	2014	2015	2016	2017	2018	2019	2020（年）

○ 太陽能
○ 生物質
○ 水力
○ 風力
○ 太陽能暖氣／冷氣
○ 其他

| 7.3 | 8.5 | 9.5 | 10.0 | 10.1 | 10.5 | 11.1 | 11.5 | 12.0 合計 |

來源：根據IRENA（The International Renewable Energy Agency）的「Renewable Energy and Jobs - Annual Review 2021」編製而成

總結	□ 當EV的需求提高，內燃機車就會減少 □ 必須進行公正轉型以實現永續發展的社會

電費將來會變貴？
還是變便宜？

▶ 可再生能源將成主力，從長期角度來看，電費會下降

　　為了實現碳中和，日本政府已提出提高可再生能源比例的方針，但是從消費者的角度來看，大家在意的是**對電費的影響**。全球可再生能源的成本已逐漸下降，日本政府宣布，預計到了2030年，太陽能將成為成本最低的發電方式。然而，這並不表示電費也會連帶下降。

　　其中一個原因是，可再生能源的電力輸出並不穩定，而**用來調整這種不穩定性的成本十分可觀**。此外，太陽能的發電成本是到了現在才逐漸下降，之前的**導入成本是以再生能源推廣稅的名義由日本國民負擔**，所以等同於提高了他們的電費。日本政府還計畫導入離岸風力發電，相關的導入成本也會反映在電費上。

　　然而，目前日本超過7成的電力是由火力發電來供應，因此**現階段的電費最容易受到火力發電成本的影響**。作為火力發電燃料的化石燃料因為供應短缺而導致價格飆漲，不過隨著全球邁向去碳社會，化石燃料的價格會如何變化也備受關注。

　　以中長期的角度來看，可再生能源會逐漸成為主力電源，因此可再生能源的成本將會反映在電費上。根據預測，無論是太陽能還是離岸風力，可再生能源的成本將會變得愈來愈低，所以**從長遠的角度來看，去碳化應該有助於降低電費**。

◉ 可再生能源的發電成本（2010～2020年之比較）

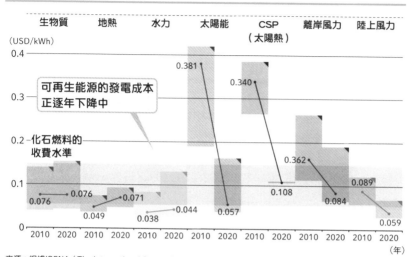

來源：根據IRENA（The International Renewable Energy Agency）的「Renewable Power Generation Costs in 2020」編製而成

◉ 再生能源推廣稅的機制

指為了普及可再生能源而由消費者負擔的費用。人民繳納的稅款會作為電費的一部分，支付給電力公司，電力公司再用來向發電業者購買「可再生能源所產生的電力」

再生能源推廣稅的計算方式

再生能源推廣稅 ＝ 自己使用的電量（kWh） × **2.98** 日圓/kWh※

※然而，耗電量大的企業或符合國家規定條件的人，則可減免再生能源推廣稅

來源：根據EnergyShift的「何謂普及可再生能源的『再生能源推廣稅』？」（2021年3月3日）（https://energy-shift.com/navi/69ee9695-374a-4313-b928-dbf3acfd6595）編製而成

| 總結 | ☐ 電費不會立刻下降，而是要再加上導入成本 |
| | ☐ 現階段，火力發電成本的高低會反映在電費上 |

透過不排碳的電力方案，
從家庭開始為去碳化盡一分力

▶ 家庭的關鍵在於從「電力去碳化」開始著手

聽到氣候變遷對策，大家或許會有是「由國家或企業實施」的印象，但是**家庭也會排放將近15%的CO_2**（參照P.45），所以每個家庭與個人的去碳化行動也很重要。根據日本環境省的數據顯示，家庭的碳排放有一半左右是來自用電，因此每個家庭都應該從**「電力去碳化」開始落實氣候變遷對策**。

如果是住在獨棟住宅，還有個方法是在屋頂上安裝太陽能板來發電，但這並非唯一的辦法。任何家庭都可以開始改用可再生能源電力方案。這樣一來，便能將自宅用電所排出的CO_2減為零。

在去碳化持續推進的現代，已有不少可再生能源電力方案可供參考。此外，隨著電業自由化，包括天然氣與石油業界在內的許多企業都紛紛投入電力市場，這當中也有愈來愈多企業開始提供具有成本競爭力的可再生能源電力方案。不過或許有些人會擔憂，和新的電力公司簽約會有停電等風險。然而，電力的零售與配送是分開的，**電力配送是由地區的輸配電業者負責**，因此不需要擔心。現今各公司都致力於打造電力品牌，各有各的概念與願景。根據企業的這些理念或去碳化的對策等來決定使用何種電力，也是一種方式。

● 來自家庭的碳排放量（2019年）

燃料類別

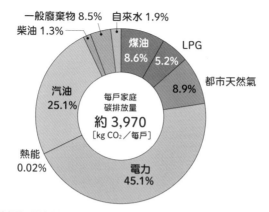

一般廢棄物 8.5%　自來水 1.9%
柴油 1.3%
煤油 8.6%
LPG 5.2%
都市天然氣 8.9%
汽油 25.1%
每戶家庭碳排放量
約 3,970
[kg CO₂／每戶]
熱能 0.02%
電力 45.1%

※碳排放量是以家庭部門、運輸（旅客）部門的自家轎車（家庭貢獻的部分）、業務與其他部門的廢棄物（一般廢棄物）處理，以及來自自來水的排放量加總而成
※電力與熱能的碳排放量是來自向電力公司等購買的電力或熱能，並未包含自家發電
※一般廢棄物的碳排放量是從非生物質（塑膠）燃燒所產生的CO_2，以及在廢棄物處理設施使用能量所產生的CO_2中，依生活類垃圾的部分推算而來
※自來水的碳排放量是從在汙水處理設施使用能量所產生的CO_2中，依家庭貢獻的部分推算而來
來源：根據日本環境省「日本溫室氣體排放量數據」編製而成

● 證明正在採取氣候變遷對策的主要制度

綠色電力證書	可再生能源所產生的電力又區分為「電力本身」與「環境」兩大價值，將其環境價值轉化為證書，即為綠色電力證書。證書是由認證機構核發，可向社會廣為宣傳。
J-Credit	由國家針對CO_2等溫室氣體的減排量與吸收量的「額度」進行認證。可透過出售國家認證的額度來獲得資金。
非化石證書	以可再生能源或核能等非化石電源來發電所產生的電力，即具備非化石價值，針對這部分核發的證書就是非化石證書。是由國家指定的認證機構負責核發。

總結	□ 應減少來自家庭近15％的碳排放量
	□ 電力的零售與配送是分開的，如此可確保電力穩定供應

油價上漲等，
對化石燃料領域的影響為何？

● 預估汽油價格會因邁向去碳化而設得更高

汽油本來就會受到汽油稅等稅金的影響，到了一般消費的階段，價格往往會變貴。汽油價格**在2021年10月創下7年以來的最高價**，預估還會繼續往上漲。而油價高漲的原因跟化石燃料的全球動向有關。

因為當前這股邁向去碳社會的世界潮流，使得包括OPEC（石油輸出國組織）在內的**產油國皆陷入困境**。舉例來說，如果繼續推動汽車的電動化與電力的可再生能源化，原油的需求就會減少。IEA（國際能源署）也指出，從長遠來看，化石燃料領域將愈來愈難獲利。

2021年，隨著**各國逐漸從新冠肺炎疫情的影響中恢復，能源需求也跟著大增**，歐洲與中國等世界各地幾乎都面臨了能源危機。尤其是**天然氣的供應不足**格外顯著，這使得天然氣價格飆升。天然氣價格居高不下，導致**作為替代手段的原油需求增加**，於是OPEC做出提高原油價格的判斷，造成現今油價飆漲的局面。當然，油價高漲是各種因素交互影響所致，不過既然邁向去碳社會已成共識，今後應該還會出現生產方訂出高價的狀況。不僅如此，**銷售方也有必要重新檢討他們的生存戰略**。加油站的當務之急是進行轉型，現在已經出現附設EV充電站的加油站，或是像ENEOS致力於設置氫氣站等行動，我們身邊這些加油站的改革已迫在眉睫。

⬤ 標準汽油的價格推移

2020 年 11 月～ 2021 年 10 月的價格推移

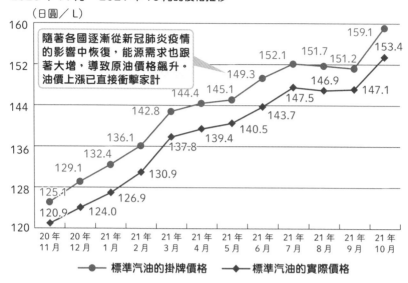

（日圓／L）

> 隨著各國逐漸從新冠肺炎疫情的影響中恢復，能源需求也跟著大增，導致原油價格飆升。油價上漲已直接衝擊家計

160 — 159.1
153.4
152 — 152.1　151.7　151.2
149.3
147.1
145.1　146.9
144.4　147.5
142.8　143.7
144 — 140.5
139.4
137.8
136.1
136 — 132.4　130.9
129.1
126.9
128 — 125.1　124.0
120.9
120 —

20 年 11 月　20 年 12 月　21 年 1 月　21 年 2 月　21 年 3 月　21 年 4 月　21 年 5 月　21 年 6 月　21 年 7 月　21 年 8 月　21 年 9 月　21 年 10 月

●— 標準汽油的掛牌價格　　◆— 標準汽油的實際價格

來源：根據日本e燃油效率的「近一年內的標準汽油價格」（https://e-nenpi.com/gs/price_graph/2/1/0）編成

⬤ 加油站的改革案例

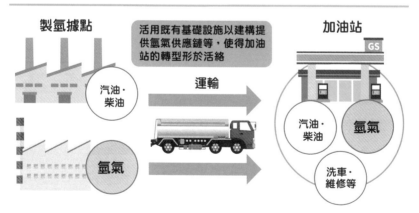

製氫據點

汽油・柴油

氫氣

活用既有基礎設施以建構提供氫氣供應鏈等，使得加油站的轉型形於活絡

運輸

加油站

GS

汽油・柴油

氫氣

洗車・維修等

| 總結 | ☐ 在去碳社會中，OPEC與產油國皆深陷困境 |
| | ☐ 加油站等銷售方也不得不改革 |

透過太陽能板來落實
既環保又能防災的生活

● 每1千瓦時（kWh）20日圓左右，比購買電力更省錢

　　除了改用可再生能源所產生的電力，還可在住家**安裝屋頂型太陽能板**，在生活中實現對去碳化做出貢獻。隨著太陽能板的成本不斷降低，每單位的發電成本也隨之下降。當然，發電量也會受到住宅的方向或是地區的天候等地理條件影響，但只要是能確保一定日照量的地方，每1千瓦時的成本便可降低至20日圓以下。一般家庭支付給電力公司的電費單價平均超過20日圓，所以相較之下，太陽能發電可說是更經濟實惠。

　　到目前為止，太陽能發電所面對的課題是，即使產生了電力也無法全部用完，只能以低價出售剩餘電力。不過在去碳社會中，家庭會開始使用EV，家用蓄電池也會日漸普及，因此**便可把電力「儲存」起來**。除了太陽能板之外，只要再設置可從EV充放電的V2H（參照P.84），還能把EV充當蓄電池來使用。此外，只要結合家用蓄電池與電源調節器，並由一套名為HEMS的電力管理系統來統一控制，便有可能毫不浪費地利用太陽能板產生的所有電力。不僅如此，即使電力公司沒有輸送電力，也可以透過這些設備來發電並使用電力，還能兼具緊急防災的功能。至於EV，即使油價高漲，也可**使用自宅所產生的電力，藉此維持一定的成本支出**。像上述這樣以電力為中心，轉變成兼顧環境的新生活型態，未來想必還會一步步地向前推進。

◉ 住宅用太陽能發電系統平均費用的推移

（萬日圓／ kW）　　　── 整體　　── 現有的住宅　　── 新建的住宅

- 2012: 47.9 / 46.5 / 43.1
- 2013: 43.2 / 41.5 / 39.1
- 2014: 40.5 / 38.5 / 36.7
- 2015: 39.8 / 37.7 / 35.8
- 2016: 37.1 / 36.0 / 34.6 （後段 25%）
- 2017: 37.2 / 36.0 / 34.5
- 2018: 35.3 / 33.4 / 31.4
- 2019: 33.0 / 30.6 / 29.3
- 2020: 32.7 / 29.8 / 28.6 （前段 25%）

（設置年分）

住宅用太陽能發電的成本正逐年下降，補助金的給付與義務化等措施皆受到矚目

來源：根據日本經濟產業省的「令和3年度的購電價格等相關意見」（2021年1月27日）（https://www.meti.go.jp/shingikai/santeii/pdf/20210127_1.pdf）編製而成

◉ 安裝屋頂型太陽能板的優點

> 太陽能板的成本
> 正逐漸下降，
> 每1kWh的成本可降低至
> 20日圓以下

> 結合EV與家用蓄電池
> 即可儲存電力

> 只要透過電力管理系統
> （HEMS）來管理電力，
> 便可將產生的電力
> 做最大限度的利用

> 儲存於EV或是
> 家用蓄電池中的電力，
> 亦可在災害發生時使用

> 即使電費或油價高漲，
> 也可以使用自宅
> 所產生的電力
> 來維持一定的成本支出

總結
- ☐ 只要將產生的電力儲存於蓄電池中，便可有效地利用
- ☐ 災害時可使用自家發電所產生的電力，無須依賴電力公司

糧食與農林水產業
也持續推動去碳化對策

　　去碳化也已擴及食的領域。目前已知，我們平日所吃的肉類與地球暖化有很大的關係。這是因為**畜產業中所產生的糞尿、草食動物打嗝放屁所排放的氣體等，都會成為導致地球暖化的原因**。尤其是牛，被視為罪魁禍首。一般認為，在牛的胃裡產生並以打嗝形式釋放出來的甲烷，對地球暖化也帶來了負面的影響。

　　據說**甲烷造成的溫室效應是CO_2的25倍**。每年從全球牛隻的腸胃中排出的甲烷量，竟然高達20億噸，占**全球溫室氣體的4％**。日本排放的所有溫室氣體占全球的3％左右，這意味著全球牛隻所排出的溫室氣體，比日本一個國家的排放量還要多。目前正在**研發甲烷排放量低的牛隻，或可減少甲烷排放量的飼料等**。

　　農業本身可說是碳中和的一部分。透過植物光合作用而固化的碳會在社會中循環，但是農業也會**因為使用化學肥料或農業機械等而排放碳**。因此，一般認為有機栽培本身也有助於達到去碳化，小松製作所等企業正在努力推動農業機械電動化等。

　　至於林業，**在增加CO_2吸收源方面也有非常有效的策略**。除此之外，林業在地方創生中也是舉足輕重的領域，因此目前受到相當大的關注。

◉ 減少牛隻排放溫室氣體的對策

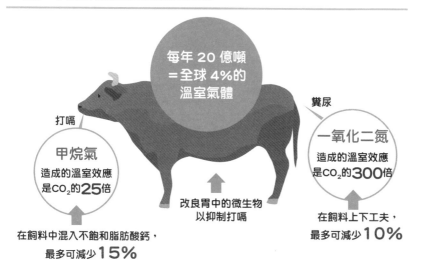

每年 20 億噸
＝全球 4%的
溫室氣體

打嗝

甲烷氣
造成的溫室效應
是CO_2的**25倍**

在飼料中混入不飽和脂肪酸鈣，
最多可減少**15%**

改良胃中的微生物
以抑制打嗝

糞尿

一氧化二氮
造成的溫室效應
是CO_2的**300倍**

在飼料上下工夫，
最多可減少**10%**

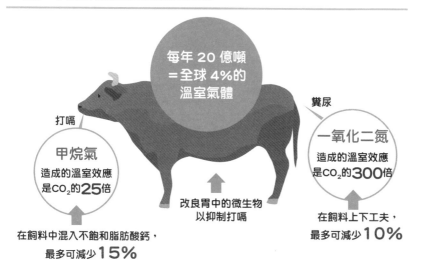

◉ 在農林水產領域達成淨零排放的對策

2020 年	2030 年	2040 年	2050 年
透過水田的水管理來減少甲烷	開發低甲烷的水稻品種	建立適合農山漁村的地產地銷型能源系統	擴大高性能合成樹脂的生物質化
導入節能型園藝設備	利用生物炭來擴大碳儲存	擴大高層木造建築	穩定生產 CO_2 吸收能力強的超級植物
進行疏伐等適當的森林管理	透過海藻類來固化 CO_2（藍碳）	農林業機械‧漁船的電氣化與氫能化等	透過特殊冷凍與包裝技術來減少食品損耗

等等

來源：根據日本農林水產省的「農林水產領域實現去碳社會的對策～綠色糧食系統戰略～」（2021年4月20日）
（https://www.cas.go.jp/jp/seisaku/datsutanso/dai2/siryou3-3.pdf）編製而成

總結	☐ 牛隻打嗝排出的氣體占全球溫室氣體的4%，須致力改善 ☐ 轉而投入有機栽培，並推動農業機械電動化等對策

Part
6

碳中和為生活帶來的變化

以實現永續社會為目標，並在去碳方面建構資源循環體系

▶ 實現抑制資源消耗並降低環境負荷的社會

　　各國在從新冠肺炎疫情中重建經濟時，大多把去碳化定位為綠色復甦（參照P.38），藉此與經濟連結，不過最初的**出發點都是為了追求社會的永續性**。在這樣的情況下，各國共同提出的是**循環型社會**的概念，藉以取代大量生產、大量消費與大量廢棄的社會型態。

　　在2000年制定的《推進形成循環型社會基本法》中是這樣定義的：首先要抑制產品等變成廢棄物，接著是盡可能將被排出的廢棄物等作為資源適當地利用，並妥善處理無論如何都無法再利用的物品，藉此來實現循環型社會。也就是「**抑制天然資源的消耗，並盡可能減少環境負荷的社會**」。其中，抑制廢棄物產生，從根本上減少資源的消耗，即為減量（Reduce）；從廢棄物中找出可再次利用的物品加以使用，稱為再利用（Reuse）；而從廢棄物中挑出還可再製的東西，製成產品來使用，則稱為回收重製（Recycle），這**三個R統稱為3R**。

　　為了實現永續社會，採取綜合性的對策，藉以建構循環型社會、去碳社會與自然共生社會是很重要的。此外，一般認為包括稀有金屬在內的資源將會更難取得，**在邁向去碳化的過程中逐步建立起以3R為主的循環型社會**變得至關重要。舉例來說，推動車載式蓄電池的再利用、確立塑膠資源的循環，以及促進可再生能源的主流化等，這些對策都正在進行中。

◎ 循環型社會的定義

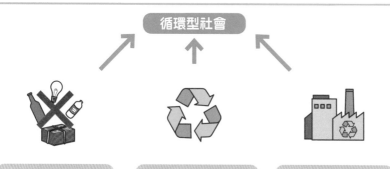

抑制廢棄物產生　　循環資源的循環再利用　　適當的處理

確保上述三項目標之達成，建立一個抑制天然資源的
消耗，並盡可能減少環境負荷的社會

來源：根據日本九都縣市首腦會議廢棄物問題檢討委員會的《推進形成循環型社會基本法》（https://www.
re-square.jp/eco/law/law02.php）編製而成

◎ 循環型社會中不可或缺的3R

自備環保袋，避免使用
用過即丟的塑膠袋

Reduce
減量
抑制廢棄物產生，
從根本上減少
資源的消耗

將尺寸不合的衣物轉送
給有需要的人

將舊報紙等製成紙漿，
再製成衛生紙等

Reuse
再利用
從廢棄物中挑出
可再利用的物品
加以使用

Recycle
回收重製
將還可再製的
東西製成產品
來使用

| 總結 | □ 3R即減量（Reduce）、再利用（Reuse）與回收重製（Recycle） |
| | □ 在邁向去碳社會的過程中，透過3R讓資源循環也很重要 |

減少畜產業能否作為氣候變遷的對策？

因為新聞報導有學校提供「純素營養午餐」，於是Vegan（純素主義）一詞便開始頻繁出現。這種純素主義因與去碳化有關而受到關注。日本環境省提出將於2022年導入綠色生活點數（Green Life Point）制度，預計把購買純素食品也列入點數回饋對象，這樣的想法一時之間蔚為話題。所謂的純素主義是指「人類在生活中應盡可能避免剝削動物」，嚴格來說，此理念含括的對象並不限於飲食，而是在食衣住等所有目的中，都應努力避免剝削動物或對動物做出殘酷的行為等。在飲食方面，當然不吃肉類，連蛋與乳製品等都不在攝取對象之列。

至於為什麼這種純素主義會和去碳化有關，這是因為畜產業等所排放的甲烷，正對氣候變遷造成嚴重的影響。因此純素主義倡導者主張，只要純素主義的思維廣為滲透到社會中，食肉需求便會減少，畜產業的規模也會隨之縮小，最終就能減少溫室氣體的排放。

另一方面，也有人提出批評意見。舉例來說，純素主義者會以大豆製素肉等作為肉類的替代品，在全球最大的大豆生產國巴西等地，便為了擴大生產而砍伐森林，因此也有人認為改吃大豆製素肉反而無益於因應氣候變遷。除此之外，還有各種主張與想法，例如應該要先解決食物浪費的問題等，這裡不討論贊成與反對，重要的是，我們每一個人都要意識到氣候變遷並持續思考。

Part

7

提高競爭力的企業戰略

透過碳中和
力求成長的企業
所採取的對策

為了在去碳社會中成長，
企業必須做的事

▶ 把握去碳的潮流，看清機會與風險

　　G7將去碳化所引發的變革命名為「Green Revolution（綠色革命）」。在人類的歷史中，社會結構與文明曾面臨幾次重大的轉變，而去碳的潮流**正形成一股浪濤湧來，即將改變社會的結構**。從可再生能源的導入、汽車的電動化、蓄電池的進步，乃至於碳循環，**商機在無數領域中紛紛湧現，並引發了新的變革**。各國與各地區也理解到這一點，認為應將其與經濟成長結合，於是紛紛提出綠色成長戰略。

　　現在已進入「無去碳對策則零經濟成長」的時代。在金融領域，ESG投資正旺，投資者開始以去碳為核心來評價企業。日本也在公司治理守則中追加導入TCFD（氣候相關財務揭露）架構等，據此實施的去碳對策還包括**揭露氣候相關財務資訊**。

　　首先，企業必須根據今後去碳化的趨勢與氣候變遷的進展等，**看清商機與風險所在**，並將其融入企業戰略之中。在這樣的基礎上，以具體的行動踏出去碳的第一步，這點非常重要。舉例來說，考慮採購可再生能源或投資去碳相關的新事業等。日本具備本書中介紹的多項卓越技術，我們必須將其集結起來，讓社會整體一起度過這波將來應該會載入史冊的轉型大浪潮。

◉ 企業應採取的主要戰略

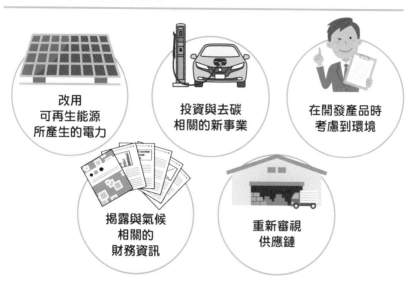

改用
可再生能源
所產生的電力

投資與去碳
相關的新事業

在開發產品時
考慮到環境

揭露與氣候
相關的
財務資訊

重新審視
供應鏈

◉ 公司治理守則的修訂概要

董事會的功能

公開企業
要求召開的董事會
與各個董事的專長等

確保核心人物的多樣性

設定目標，以確保管理職
在性別、國籍與年齡
各方面的多樣性等

邁向永續發展的對策

決定推動永續發展的
基本方針等

對主要市場的應對

與全球投資者
進行有建設性的對話，
以對市場變化做出應對等

總結	☐ 去碳已引發社會變革與技術革新
	☐ 必須考慮ESG投資並揭露與氣候相關的財務資訊

GAFAM已率先投入
供應鏈的去碳化

● GAFAM與大企業等所要求的供應商去碳化

在去碳化對策中，**GAFAM展現出驚人的推動力**。一般認為是因其主導著IT領域，而得以早一步掌握時代潮流，但他們在推動去碳上不遺餘力的原因，不僅止於此。

今後將會進入碳排放成本十分可觀的時代，因此必須盡可能減少碳排放。此外，眼前已經發生化石燃料價格飆升與伴隨而來的電價高漲等，**事先排除這些外部環境的風險也關係到事業的穩定性**。因此執行氣候變遷對策，最終也會連帶降低企業拓展事業的風險。

基於這樣的觀點，去碳化對GAFAM來說是很重要的主題，採購可再生能源已成為當務之急。尤其是Google與Apple的行動十分迅速，兩者的可再生能源採購皆已達成100％。Apple的下一步便是要求供應商落實去碳化，而且Apple已經付諸行動，與供應商訂下100％使用可再生能源的承諾。此舉的目的在於**減少自家公司的產品在供應鏈中的碳排放**，但也有人認為這是在**對供應商所進行的評價**。

這波供應鏈去碳化的趨勢也影響到日本國內。索尼與豐田汽車等大企業皆已對供應商提出去碳化的要求，我們不難預測，這樣的趨勢應該會加快腳步。而且遲早也會波及所有企業，或許在不久的將來，各位任職的公司就會接到來自合作企業的去碳化要求。

● GAFAM針對碳中和的主要對策

Google	・已於2007年實質達成碳中和，並於2017年實現以可再生能源來供應全年所需的電力消耗 ・目標是在2030年之前，透過零碳能源來維持24小時、365天的事業營運
Amazon	・截至2021年4月為止，已成為歐洲最大的可再生能源採購企業，在日本也不遺餘力推動使用可再生能源 ・將原本的計畫提前5年，目標是在2025年之前達到以可再生能源來供應全球所有事業的需求，並進一步於2040年之前達成碳中和
facebook	・已於2020年完成以可再生能源來供應所有事業的需求，達成自家公司的碳中和 ・今後至2030年為止的目標，是讓整個價值鏈達到碳中和
Apple	・已於2018年實現以可再生能源來供應自家公司所有的用電量 ・目標是在2030年之前，在製造供應鏈與產品生命週期等所有方面實現碳中和，並促使供應商一起合作
Microsoft	・已於2012年實現自家公司的碳中和，並於2014年達成100%使用可再生能源所產生的電力 ・目標是在2030年全面落實減碳以達成負碳排，2050年則是要將1975年創業以來所排出的CO_2全數抵銷

總結	□力圖透過去碳化來排除風險，以維持事業的穩定 □GAFAM等企業是透過整個供應鏈來減少碳排放

ENEOS透過巨額收購
來進行去碳轉型

▶ 試圖透過收購可再生能源業者JRE來進行去碳轉型

在全球去碳化潮流中，以化石燃料為中心發展事業至今的企業，皆被迫面臨一場商業變革。其中，**日本最大的石油公司ENEOS以破釜沉舟的決心，展開了去碳轉型**。該公司擁有一套全國的服務站網絡，石油的精製與販賣事業為其強項，同時為了邁向去碳化也挑戰了事業結構的變革。

ENEOS對外宣告，對去碳與循環型社會做出貢獻為其2040年的長期願景之一，焦點將會放在氫能與可再生能源上。ENEOS目前正從能源的需求與供應兩方面著手，除了健全日本國內的供氫網絡，也建立含括國外的無碳氫能供應鏈。此外，ENEOS還評估了開發國內外各種可再生能源的可能性，並決定**收購Japan Renewable Energy（JRE），藉此擴大可再生能源的發電容量並獲得業務開發能力**。

JRE是日本國內屈指可數的可再生能源業者，手上不僅握有陸上風力、太陽能與生物質等可再生能源的電源，還積極投入離岸風力發電的商業化。該公司雖然有美國高盛等外資企業的資金挹注，不過ENEOS提出約2,000億日圓進行收購。**ENEOS的目標是透過這次的收購，大力推動可再生能源的電源開發**。反觀歐美，也有原本專門從事石油與天然氣的企業成功實現去碳轉型的案例，例如成為大型離岸風力發電企業的沃旭能源等，ENEOS是否能藉由這次的收購案加速去碳轉型，頗受矚目。

● ENEOS對去碳與循環型社會的貢獻

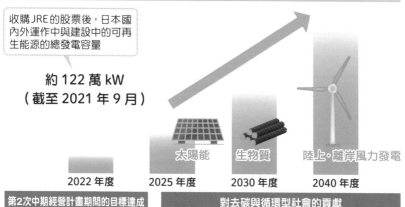

收購JRE的股票後,日本國內外運作中與建設中的可再生能源的總發電容量

約 122 萬 kW
(截至 2021 年 9 月)

太陽能　　生物質　　陸上‧離岸風力發電

2022 年度　　2025 年度　　2030 年度　　2040 年度

第2次中期經營計畫期間的目標達成	對去碳與循環型社會的貢獻	
於2022年度末,將日本國內外可再生能源事業的總發電容量擴大至100萬kW	此後還會進一步提高容量	活用JRE的業務開發能力,大力推動可再生能源電源的新型開發

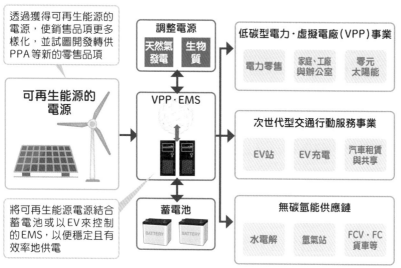

透過獲得可再生能源的電源,使銷售品項更多樣化,並試圖開發轉供PPA等新的零售品項

可再生能源的電源

調整電源
天然氣發電　生物質

VPP‧EMS

蓄電池
BATTERY　BATTERY

將可再生能源電源結合蓄電池或以EV來控制的EMS,以便穩定且有效率地供電

低碳型電力‧虛擬電廠(VPP)事業
電力零售　家庭、工廠與辦公室　零元太陽能

次世代型交通行動服務事業
EV站　EV充電　汽車租賃與共享

無碳氫能供應鏈
水電解　氫氣站　FCV‧FC貨車等

來源:根據ENEOS的「ENEOS收購Japan Renewable Energy株式會社之股票的相關通知」(2021年10月11日)
(https://www.hd.eneos.co.jp/newsrelease/upload_pdf/20211011_01_03_0960492.pdf)編製而成

總結	☐ ENEOS透過加強氫能與可再生能源來邁向去碳化
	☐ 透過收購JRE來大力推動各種可再生能源的電源開發

特斯拉憑藉著高瞻遠矚的去碳意識而領先全球

　　汽車的電動化為去碳化的主軸之一，而**美國的特斯拉在這個領域中，目前居於領先地位**。特斯拉的全球EV銷售量幾乎每年都創下新高，2020年的銷售量也是世界第一，截至2021年的銷售額仍位居全球之冠。

　　特斯拉的總市值在2020年超越了豐田汽車而成為熱門話題，該公司**最出色的地方就是具有前瞻性**。特斯拉最初是在2006年制定了事業的總體計畫，而第二次制定計畫則是2016年，不過目前的事業皆是按照這份總體計畫來進行。當中也有寫到EV戰略。例如在銷售平價EV的計畫中，最初也將高價的車款納入商品陣容，但後來卻多次宣布降價。即便是續航里程較長的高規格EV，也會以低於其他公司的價格來販售等，特斯拉便是**遵循總體計畫穩步地供應EV**。

　　此外，提到特斯拉時，一般往往會把目光放在EV上，但其實該公司也有從事太陽能發電，並**發展出更換太陽能屋頂瓦片的業務**。除此之外，特斯拉還將從車載式蓄電池中磨練出的技術加以活用，無論是產業用還是家庭用的蓄電池，都持續推出具有價格競爭力的產品。

　　雖然EV較容易受到關注，不過在去碳社會的**可再生能源、蓄電與EV這三大要素方面，特斯拉皆發展出高規格的事業**，實際上可說是**一家提供能源解決方案的企業**。

▶ 特斯拉的動向與總體計畫的比較

時間軸	特斯拉的動向	總體計畫
2008年2月	發表「Tesla Roadster」	① 打造跑車
2009年5月	與德國戴姆勒（Daimler AG）展開資本業務合作	
2009年7月	發表「Tesla Roadster 2」與「Roadster Sport」	
2010年1月	宣布與松下電器共同開發次世代電池	
2010年5月	與豐田汽車展開資本業務合作	
2012年6月	「Model S」開始出貨	② 打造價格實惠的汽車
2012年9月	開始提供「超級充電」	
2014年9月	與松下電器合資，在美國內華達州興建超級電池廠「Battery Gigafactory」	
2015年4月	家用蓄電池「Powerwall」開始發售	⑤ 統合能源的生產與儲存
2015年9月	「Model X」開始出貨	③ 打造價格更實惠的汽車
2016年10月	宣布在所有車輛上搭載完全自動駕駛用的硬體	⑨ 自動化
2016年11月	收購SolarCity	④ 提供零排放的發電方案
2017年7月	「Model 3」開始出貨	③ 打造價格更實惠的汽車
2019年1月	於中國的上海興建「Gigafactory」	
2019年5月	收購Maxwell Technologies	
2019年11月	發表「Cybertruck」	⑦ 擴大事業以便網羅陸路運輸手段的主要型態
2020年3月	「Model Y」開始出貨	③ 打造價格更實惠的汽車
2020年9月	公開發表獨自研發的4680電池	

特斯拉的事業專長

EV研發
以低於其他公司的價格銷售高規格的EV

太陽能發電
發展出更換太陽能屋頂瓦片的業務

蓄電池研發
研發具有價格競爭力的產業用與家庭用的蓄電池

總結

☐ 以較低的價格銷售續航里程較長的高規格EV
☐ 同時發展更換太陽能屋頂瓦片與研發蓄電池的業務

豐田汽車挑戰提前15年
實現碳中和

　　說到日本最具代表性的汽車製造商，非豐田汽車莫屬。**該公司如今被評價為「在去碳方面已經落後」**。其中一個主要原因在於對EV不積極。

　　究其原因在於，豐田汽車預測在混合動力車之後，將迎來氫能的時代，於是**一直傾注心力於利用氫氣化學反應的FCV**。然而實際情況卻與豐田汽車的預測相反，特斯拉迅速擴大EV銷售等，一口氣帶動了去碳與汽車的電動化。在這樣的背景下，**進入2021年後，豐田汽車也接二連三地宣布去碳戰略**。將混合動力車與FCV皆視為電動車，分別稱之為HEV與FCEV，不斷地強調電動化。此外，還把以電池為動力來源的EV稱為BEV，並宣布將迅速擴大BEV的戰線，於2025年之前投入生產15款BEV車型。

　　豐田汽車甚至還宣布，**將碳中和目標從原本設定的2050年，提前在2035年達成**。在供應鏈方面，豐田汽車也開始從產品生命週期的各階段進行去碳，並對供應商提出每年減少3％溫室氣體排放的要求等。此外，對於掌握去碳社會關鍵的蓄電池，豐田汽車也提出**要在蓄電池上投資1.5兆日圓**的方針，並在2030年之前將生產能力提升至200GWh。市場大多對其接連不斷的行動表示歡迎，而實際上，豐田汽車的股價自2021年起便持續上漲。豐田汽車認真以對的實力，不容小覷。

◉ 豐田汽車的碳中和目標

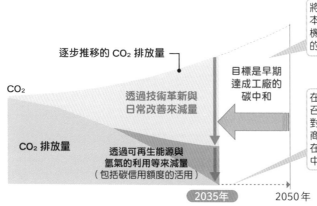

將碳中和視為「從根本著手改革製造業的機會」，並採取積極的態度面對挑戰

逐步推移的 CO₂ 排放量

目標是早期達成工廠的碳中和

在 2021 年 6 月 11 日召開的新聞發布會上對外宣布，包括供應商在內，將原本預計在 2050 年達成的碳中和目標提前 15 年

CO₂

透過技術革新與日常改善來減量

CO₂ 排放量

透過可再生能源與氫氣的利用等來減量（包括碳信用額度的活用）

2035年　2050年

來源：根據豐田汽車的「對開拓未來至關重要的製造業」（2021年6月11日）（https://global.toyota/pages/news/images/2021/06/11/1530/20210611_01_01_jp.pdf）編製而成

◉ 豐田集團旗下7家公司的碳中和目標

豐田汽車	在2035年之前，在世界各地實現包括碳信用額度在內的碳中和
電裝公司（Denso）	在2025年之前，實現包括碳信用額度在內的碳中和，在2035年達成碳中和
愛信精機（Aisin）	2030年度比2013年度減少50%以上，在2050年達成碳中和
豐田自動織機	2030年度比2013年度減少50%，在2050年達成碳中和
捷太格特公司（Jtekt）	2030年度合計比2013年度減少50%，在2040年達成碳中和
豐田紡織	2030年度比2013年度減少38%，在2050年達成碳中和
豐田合成	2030年度比2013年度減少50%，在2050年達成碳中和
愛知製鋼	正在評估在2050年邁向碳中和的目標

總結	□ 將目標提前15年，預計在2035年達成碳中和 □ 迅速致力於去碳化，例如投入BEV與研發蓄電池等

松下電器志在透過業務效率化與蓄電池研發來達成去碳

▶ 以蓄電池為武器，目標是在2030年達成CO$_2$的淨零排放

松下電器是以去碳作為事業基本主軸的企業之一。進入2021年後，該公司便提出「將成為主導解決環境問題的公司」此一方針，具體的策略就是要**在2030年達成淨零碳排**。在製造業中展現出史無前例的雄心壯志。

此外，今後隨著氣候變遷與去碳化的進展，預估將會出現各種外部環境的風險，為了應對這些風險，業務效率化十分重要。松下電器便是基於這樣的觀點而**收購了美國的Blue Yonder**，這是一家研發軟體的知名公司，可以藉由軟體來預測產品的需求與交期，讓供應鏈更有效率。透過活用該公司的技術，便可消除供應鏈中的浪費，實現最佳化，如此就能在去碳社會中有效提供解決方案。

此外，汽車的電動化也是去碳化的重要領域之一，松下電器**在與特斯拉的合作中也掌握了蓄電池的核心技術**。松下電器表示目前會繼續與特斯拉合作的方針，同時也會加強與其他主要製造商的合作，例如**與豐田汽車合資設立蓄電池公司**等。

車載式蓄電池是國際競爭十分激烈的市場之一，松下電器將如何與這些海外企業決勝負則備受關注。此外，其所累積的核心技術也有可能活用在其他領域。松下電器已提出「將在數位領域方面活用蓄電池」的方針，例如維持數據中心的穩定運作等，期待該公司**在去碳與數位方面都能穩步成長並大顯身手**。

◉ 松下電器對解決環境問題的貢獻

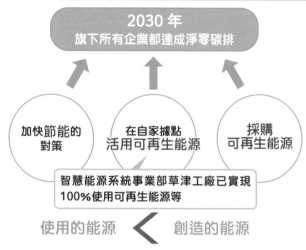

來源：根據松下電器的「松下集團今後努力的方向」（2021年5月27日）（https://holdings.panasonic/jp/corporate/investors/pdf/20210527_vision_j.pdf）編製而成

◉ 松下電器的整體供應鏈最佳化

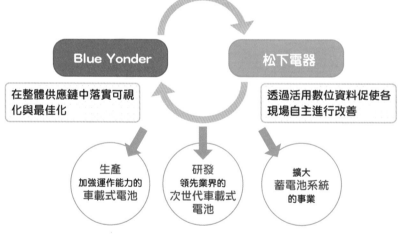

來源：根據松下電器的「松下集團今後努力的方向」（2021年5月27日）（https://holdings.panasonic/jp/corporate/investors/pdf/20210527_vision_j.pdf）編製而成

總結	□ 透過收購Blue Yonder來研發最佳化的蓄電池
	□ 將與特斯拉合作時掌握的蓄電池核心技術活用於多種領域

佐川急便試圖透過與中國的水平分工模式來導入EV

● 從2022年開始導入7,200輛的中國製EV

去碳浪潮也影響到了物流業界，佐川急便已著眼於EV並推動去碳化。將貨物送至顧客手中的最後一段路程，稱之為「最後一哩物流（last mile delivery）」，因為是從物流據點出發並在既定的範圍內移動，所以**EV續航里程短的缺點就不成問題**。此外，可以定期返回據點充電這點也很適合EV。

佐川急便著眼於這一點，宣布**將在2030年之前，讓包含運送最後一段路程在內的7,200輛輕型車全面改為EV**。最受關注的一點是，這些EV都是中國的製造商所生產的。該公司最初曾評估導入日本製造商生產的EV，但考慮到車輛的特性與生產規模等而打消了念頭。最後決定採用中國企業廣西汽車集團旗下的柳州五菱汽車所生產的EV。

然而，在中國生產的汽車若不符合日本的安全基準就無法上路。因此，佐川急便與日本的EV新創企業ASF合作，**建立了EV的全球化水平分工生產模式**，由ASF負責設計與研發，再由受託的中國企業負責生產。在成本方面，佐川急便也成功將EV的導入費用控制在比目前所用的輕型車租賃費用還低。這個案例成為一個開端，使物流的EV化逐漸擴展開來，就連大型物流公司SBS Holdings也決定採取同樣的模式，導入中國製EV等。在去碳化的過程中，似乎還會看到更多中國製EV進入日本的商用車市場。

● 佐川急便研發EV的過程

佐川急便從2022年開始，依序導入7,200輛中國製EV。
大型物流公司SBS也將導入中國製的商用EV貨車

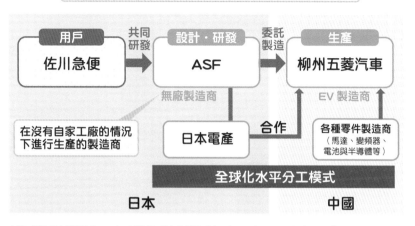

來源：根據日本電產的「2022年3月期 第1季度 決算說明會」（2021年7月21日）（https://www.nidec.com/-/
media/www-nidec-com/ir/library/earnings/2022/FY21Q1_1_jp.pdf）編製而成

● 佐川急便研發EV的優點

可將生產委託給 EV 技術已成熟的 製造商	可導入車輛特性與 生產規模等皆符合需求 且便於運用的 EV
在日本進行設計與研發， 即可生產出符合 日本安全基準的 EV	可將 EV 的導入費用 控制在低於 目前輕型車的租賃費用

總結	□ 最後一哩物流的續航里程較短，EV也可以進行充電 □ 由日本的新創企業設計，再委託中國企業進行生產

Index

【作者】

前田雄大（Maeda Yudai）

EnergyShift發行人兼總編輯

生於1984年。2007年畢業於東京大學經濟學系經營學科之後，進入外務省就職。曾從事研發合作、核能與大臣官房的業務等，自2017年起負責氣候變遷相關事宜。對G20大阪峰會的成功有所貢獻。同時負責協調根據《巴黎協定》所擬定的成長戰略等各種國家戰略。自2020年起就任現職。持續在網站「EnergyShift」與YouTube頻道「エナシフTV（EnergyShift TV）」這兩個以報導去碳化議題為主的媒體上傳遞資訊。除了在網路上及其他大眾媒體上撰寫許多去碳化的相關報導外，也舉辦過多場與去碳化有關的講座與企業諮詢。

【監修】

EnergyShift

從2020年3月開始發布資訊，為日本規模最大、以報導能源議題為主的媒體。以「有趣地了解碳」為主題，透過獨特的觀點來傳遞日本及世界各地與能源轉換相關的新聞。去碳化的主題十分廣泛，涉及了可再生能源、EV（電動汽車）、地方創生與品牌資訊等，從管理階層、東京證券交易所市場一部的員工乃至於一般大眾，廣為支撐日本各界的人士所閱讀。

【日文版工作人員】

編輯…………………EDIPOCH股份有限公司		裝幀………………菊池 祐（Lilac股份有限公司）	
圖版製作協力……小池真嵩		內頁設計…………山本真琴（design.m）	
責任編輯…………橘 浩之（技術評論社）		排版與製圖………EDIPOCH股份有限公司	

SDGs系列講堂
綠色經濟學 碳中和
從減碳技術創新到產業與能源轉型，掌握零碳趨勢下的新商機

2022年8月1日初版第一刷發行
2024年3月15日初版第三刷發行

作　　者	前田雄大
監 修 者	EnergyShift
譯　　者	童小芳
主　　編	陳正芳
發 行 人	若森稔雄
發 行 所	台灣東販股份有限公司
	＜地址＞台北市南京東路4段130號2F-1
	＜電話＞(02)2577-8878
	＜傳真＞(02)2577-8896
	＜網址＞www.tohan.com.tw
郵撥帳號	1405049-4
法律顧問	蕭雄淋律師
總 經 銷	聯合發行股份有限公司
	＜電話＞(02)2917-8022

國家圖書館出版品預行編目資料

綠色經濟學碳中和：從減碳技術創新到產業與能源轉型，掌握零碳趨勢下的新商機 / 前田雄大著；童小芳譯. -- 初版. -- 臺北市：臺灣東販股份有限公司, 2022.08
160 面；14.3×21公分（SDGs系列講堂）
ISBN 978-626-329-348-9（平裝）

1.CST: 碳排放 2.CST: 綠色經濟 3.CST: 產業發展

445.92　　　　　　　111009994

60PUN DE WAKARU! CARBON NEUTRAL CHONYUMON written by Yudai Maeda, supervised by EnergyShift
Copyright © 2022 Yudai Maeda, EDIPOCH
All rights reserved.
Original Japanese edition published by Gijutsu-Hyoron Co., Ltd., Tokyo

This Complex Chinese edition published by arrangement with Gijutsu-Hyoron Co., Ltd., Tokyo in care of Tuttle-Mori Agency, Inc., Tokyo.